GOCCE DI FISICA:
quantità di moto, dinamica dei corpi in rotazione, gravitazione universale

Vito Egidio Mosca

I diritti di elaborazione in qualsiasi forma o opera, di memorizzazione anche digitale su supporti di qualsiasi tipo, di riproduzione e di adattamento totale o parziale con qualsiasi mezzo, i diritti di noleggio, di prestito e di traduzione sono riservati per tutti i paesi. L'acquisto della presente copia dell'opera non implica il trasferimento dei suddetti diritti né li esaurisce.

Copyright © 2024 Vito Egidio Mosca
Tutti i diritti riservati.
ISBN-13: 9798333851840

Prima edizione: 09/2024
v. 1.9 (04/2026)

QUANTITÀ DI MOTO 1
  1 La quantità di moto 1
  2 Relazione tra forza e quantità di moto: teorema dell'impulso 6
  3 Forze interne ed esterne al sistema 13
  4 Principio di conservazione della quantità di moto 15
    4.1 Sistema a massa variabile 19
    4.2 Rinculo di un fucile 22
  5 Urti 24
    5.1 Urto elastico unidimensionale 25
    5.2 Proiettile e bersaglio con la stessa massa (urto elastico) 27
    5.3 Pendolo di Newton (urto elastico) 30
    5.4 Proiettile massiccio (urto elastico) 31
    5.5 Bersaglio massiccio (urto elastico) 32
    5.6 Fionda gravitazionale (urto elastico) 33
    5.7 Pendolo balistico (urto completamente anelastico) 35
    5.8 Urto obliquo (urto elastico) 38
    5.9 Urto elastico in due dimensioni 39
    5.10 Centro di massa 41
  SINTESI: la quantità di moto 45
DINAMICA DEI CORPI IN ROTAZIONE 47
  6 Moto rotatorio 47
    6.1 Angoli 47
    6.2 Corpo rigido e moto rotatorio 49
    6.3 Cinematica rotazionale 49
    6.4 Relazioni fra grandezze angolari e grandezze lineari 51
  7 Moto di rotolamento 56
  8 Dinamica rotazionale 59
    8.1 Momento di una forza 59

8.2 Regola della mano destra 61

8.3 Momento d'inerzia e seconda legge della dinamica rotazionale 63

8.4 Momento angolare 67

8.5 Teorema dell'impulso angolare e principio di conservazione del momento angolare 69

    8.5.1 Un antico giocattolo: la trottola 72

    8.5.2 Da semplice giocattolo ai sistemi di navigazione: il giroscopio ... 74

    8.5.3 Il controsterzo 77

8.6 Energia cinetica rotazionale e principio di conservazione dell'energia cinetica 80

SINTESI: dinamica dei corpi in rotazione 89

GRAVITAZIONE UNIVERSALE 91

9 Le leggi di Keplero 91

    9.1 Prima legge di Keplero 94

    9.2 Seconda legge di Keplero 96

    9.3 Terza legge di Keplero 97

10 La legge di gravitazione universale ed il peso dei corpi 99

    10.1 Legge di gravitazione universale 100

    10.2 Campo gravitazionale 102

    10.3 Bilancia di torsione e valore di *G* 106

    10.4 Misura della massa della Terra 107

11 I satelliti 110

    11.1 Velocità orbitale di un satellite 110

    11.2 Peso apparente 112

    11.3 Satellite geostazionario 113

12 Energia potenziale gravitazionale 115

13 Velocità di fuga e buchi neri 120

SINTESI: gravitazione universale 123

A MIO PADRE

QUANTITÀ DI MOTO

1 La quantità di moto

Le due grandezze fisiche che caratterizzano la quantità di moto sono la massa m e la velocità v.

La **massa** m è definita operativamente come la grandezza fisica misurata con una bilancia a bracci uguali e, nel Sistema Internazionale, si misura in kilogrammi (kg).

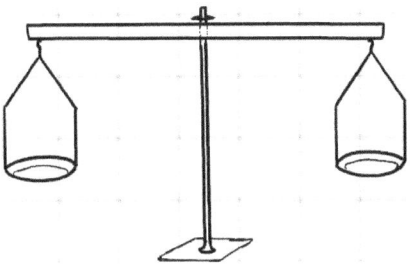

Perciò due oggetti hanno la stessa massa se posti sui due piatti essi rimangono in equilibrio (non scendono o non salgono). Tale equilibrio vale su qualunque pianeta.

Se un corpo occupa la posizione x_1 all'istante t_1 e poi la posizione x_2 all'istante t_2, la **velocità media** v_m è definita come il rapporto tra lo spostamento Δx e l'intervallo di tempo Δt impiegato per fare lo spostamento:

$$v_m = \frac{\Delta x}{\Delta t} = \frac{x_2 - x_1}{t_2 - t_1} \quad \left(\frac{m}{s}\right)$$

Nel diagramma orario (spazio-tempo) la velocità media rappresenta il coefficiente angolare della retta secante che passa per i punti $(t_1; x_1)$ e $(t_2; x_2)$.

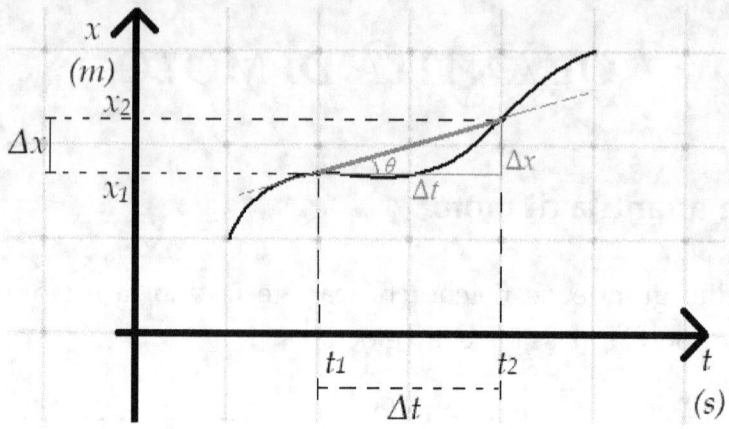

Se l'intervallo di tempo Δt tende a zero ($\Delta t \to 0$) si parla di **velocità istantanea** v:

$$v = \lim_{\Delta t \to 0} \frac{\Delta x}{\Delta t}$$

Nel diagramma orario (spazio-tempo) la velocità istantanea in un punto rappresenta il coefficiente angolare della retta tangente in quel punto.

Se la velocità è costante, la velocità media e la velocità istantanea coincidono.

Ora che abbiamo ricordato le definizioni delle grandezze fisiche massa e velocità, immaginiamo un ragazzo in una barca su un lago che compie alcuni esperimenti.

Esp. 1) Cosa accadrebbe se il ragazzo con la maglia a righe (vedi fig. pag. successiva) lanciasse una palla da calcio di massa m_p con una velocità v_p verso destra?

Lui e la sua barca si sposterebbero verso sinistra con una velocità v.

Esp. 2) Cosa accadrebbe se lanciasse la stessa palla di massa m_p con una velocità verso destra doppia ($v'_p = 2\, v_p$) rispetto a prima?

Lui e la sua barca si sposterebbero verso sinistra con una velocità v' doppia della precedente ($v' = 2\, v$).

Esp. 3) Cosa accadrebbe se lanciasse una palla da bowling m_b ($m_b = 7\, m_p$) con la stessa velocità v_p dell'esp. 1?

Il ragazzo e la sua barca si muoverebbero verso sinistra con una velocità v'' sette volte quella del primo esperimento ($v'' = 7\, v$).

Questo fenomeno dipende sia dalla massa utilizzata che dalla velocità con cui si lancia tale massa. Abbiamo quindi la necessità di introdurre una nuova grandezza fisica che tenga conto contemporaneamente della diretta proporzionalità di entrambe le grandezze fisiche (massa e velocità). Tale grandezza fisica prende il nome di quantità di moto.

Si definisce **quantità di moto** $\vec{p}$ di un corpo il prodotto tra lo scalare m (massa) ed il vettore velocità $\vec{v}$:

$$\boxed{\vec{p} = m\vec{v}}$$

Le caratteristiche del vettore quantità di moto sono:

- il **modulo** p è direttamente proporzionale a m ed a v ed è dato dal prodotto della massa m del corpo e del modulo della sua velocità v: $p = m\,v$;
- $\vec{p}$ ha stessa **direzione** e stesso **verso** di $\vec{v}$ (in quanto $m > 0$);
- l'**unità di misura** della quantità di moto p deriva dalle unità di misura di m e di v: $\boldsymbol{kg \cdot \frac{m}{s}}$;
- se il corpo è composto da un sistema di n masse aventi delle quantità di moto $\vec{p}_1, \vec{p}_2, \dots, \vec{p}_n$, la quantità di moto totale è la somma vettoriale delle quantità di moto:

$$\vec{p}_{tot} = \vec{p}_1 + \vec{p}_2 + \dots + \vec{p}_n = \sum_{i=1}^{n} \vec{p}_i = \sum_{i=1}^{n} (m_i \vec{v}_i)$$

- se il corpo si muove nello spazio, il vettore quantità di moto ha tre componenti: $(p_x, p_y, p_z) = (m\,v_x, m\,v_y, m\,v_z)$.

Esempio: se la massa di una palla da calcio è $m = 0{,}450\ kg$ e viene calciata con velocità $v = 16{,}0\ m/s$, qual è il modulo della sua quantità di moto?

$$p = mv = 0{,}450 \; kg \cdot 16{,}0 \; \frac{m}{s} = 7{,}20 \; kg\frac{m}{s}$$

Si noti che se la velocità raddoppiasse, il modulo della quantità di moto raddoppierebbe. Lo stesso accadrebbe se dovesse raddoppiare la massa (infatti *p* è direttamente proporzionale sia a *m* che a *v*).

Curiosità: nei *Principia Mathematica* di Isaac Newton (Libro 1, Sezione 2) si introduce il concetto di quantità di moto nel seguente modo:

Quantitas motus est mensura ejusdem orta ex Velocitate et quantitate Materiæ conjunctim. Motus totius est summa motuum in partibus singulis, adeoq; in corpore duplo majore æquali cum Velocitate duplus est, et dupla cum Velocitate quadruplus.

Cioè:
La quantità di moto è la misura della stessa che nasce dalla velocità e dalla quantità di materia congiuntamente. Il moto totale è la somma dei moti nelle singole parti, e quindi in un corpo due volte più grande con la stessa velocità è doppio, e con una velocità doppia è quadruplo.

Quindi la quantità di moto è una misura che risulta dalla combinazione della velocità e della quantità di materia (massa). La quantità di moto totale di un corpo è la somma delle quantità di moto delle sue singole parti. Di conseguenza, in un corpo che è due volte più grande (ha una massa doppia) e ha la stessa velocità, la quantità di moto è doppia. Se anche la velocità fosse doppia, la quantità di moto sarebbe quadrupla. Cioè Newton esprime il concetto di diretta proporzionalità tra la quantità di moto e le grandezze massa e velocità.

2 Relazione tra forza e quantità di moto: teorema dell'impulso

Dal secondo principio della dinamica sappiamo che se su un corpo di massa m agisce una forza F_{tot} costante per un certo intervallo di tempo Δt allora il corpo accelera secondo la relazione:

$$\vec{a} = \frac{\vec{F}_{tot}}{m}$$

o in maniera equivalente:

$$\vec{F}_{tot} = m\,\vec{a}$$

dove la costante di proporzionalità m tra la forza e l'accelerazione è nota come **massa inerziale** (capacità di un corpo di perseverare nel suo stato di quiete o di moto rettilineo uniforme). Per m si intende la somma di tutte le masse spinte da $\vec{F}_{tot}$.

Curiosità: nei *Principia Mathematica* di Isaac Newton (Lex secunda) si introduce la seconda legge della dinamica:

Mutationem motus proportionalem esse vi motrici impressæ, & fieri secundum lineam rectam qua vis illa imprimitur.

Si vis aliqua motum quemvis generet, dupla duplum, tripla triplum generabit, sive simul & semel, sive gradatim & successive impressa fuerit. Et hic motus quoniam in eandem semper plagam cum vi generatrice determinatur, si corpus antea movebatur, motui ejus vel conspiranti additur, vel contrario subducitur, vel obliquo oblique adjicitur, & cum eo secundum utriusq; determinationem componitur.

Cioè

La variazione del moto è proporzionale alla forza motrice impressa, ed avviene secondo la linea retta lungo cui tale forza è impressa.

Se una qualsiasi forza genera un qualsiasi moto, il doppio della forza genererà il doppio del moto, il triplo della forza genererà il triplo del moto, sia che la forza sia impressa simultaneamente e una sola volta, sia che lo sia gradualmente e successivamente. E questo moto, poiché è sempre determinato nella stessa direzione della forza generatrice, se il corpo si muoveva precedentemente, viene aggiunto al moto precedente se è nello stesso verso, sottratto se è in verso contrario, o aggiunto obliquamente se è in una direzione obliqua, e si compone con esso secondo la determinazione di entrambi.

Sappiamo che l'accelerazione $\vec{a}$ di un corpo è il rapporto tra la sua variazione di velocità $\Delta \vec{v}$ e l'intervallo di tempo Δt in cui avviene tale variazione

$$\vec{a} = \frac{\Delta \vec{v}}{\Delta t}$$

Possiamo anche scrivere:

$$\vec{F}_{tot} = m\,\vec{a} \implies \vec{F}_{tot} = m\,\overbrace{\frac{\Delta \vec{v}}{\Delta t}}^{\vec{a}} \implies$$

$$\implies \vec{F}_{tot} \Delta t = m\,\Delta \vec{v}$$

Poiché possiamo considerare costante la massa m (nella Fisica classica la velocità è molto minore di quella della luce: $v \ll c$):

$$m \, \Delta \vec{v} = m \left(\vec{v}_f - \vec{v}_i \right) = m \, \vec{v}_f - m \, \vec{v}_i = \vec{p}_f - \vec{p}_i = \Delta \vec{p} \Rightarrow$$

$$\Rightarrow m \, \Delta \vec{v} = \Delta \vec{p}$$

Perciò

$$\vec{F}_{tot} \Delta t = \overbrace{m \, \Delta \vec{v}}^{\Delta \vec{p}} \Rightarrow \vec{F}_{tot} \Delta t = \Delta \vec{p}$$

Una forza $\vec{F}_{tot}$ costante che agisce su un corpo di massa m per un certo intervallo di tempo Δt genera una variazione della sua quantità di moto data dalla seguente relazione:

$$\Delta \vec{p} = \vec{F}_{tot} \, \Delta t$$

La quantità $\vec{I} = \vec{F}_{tot} \, \Delta t$ prende il nome di **impulso**.

Quando una forza F_{tot} molto intensa agisce per un intervallo di tempo Δt molto piccolo si parla di **forza impulsiva**.

Teorema dell'impulso: l'impulso di una forza costante F_{tot} che agisce per un intervallo Δt causa una variazione della quantità di moto:

$$\vec{I} = \Delta \vec{p} \quad \text{o} \quad \vec{F}_{tot} \, \Delta t = \Delta \vec{p}$$

Le caratteristiche del vettore impulso sono:

- il **modulo** I è dato dal prodotto del modulo della forza per l'intervallo di tempo Δt di applicazione della forza:
$$I = F_{tot} \, \Delta t;$$

- l'impulso $\vec{I}$ ha stessa **direzione** e stesso **verso** di $\vec{F}_{tot}$ (perché $\Delta t > 0$);
- l'**unità di misura** dell'impulso I deriva dall'unità di misura della forza F_{tot} e dell'intervallo di tempo Δt:

$$N \cdot s \qquad \text{e poiché } 1\,N = 1\,kg \cdot 1\,\frac{m}{s^2}$$

$$N \cdot s = kg \cdot \frac{m}{s^2} \cdot s = kg \cdot \frac{m}{s}$$

che coincide con l'unità di misura della quantità di moto.

Osservazione:
nel grafico (F, t) di una forza costante (nell'intervallo Δt di applicazione della forza), l'area sottesa dalla curva rappresenta il modulo dell'impulso I.

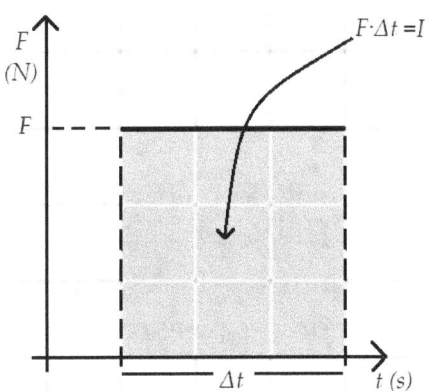

Fino ad ora abbiamo fatto riferimento ad una forza costante (la definizione di impulso vale solo per una forza costante nell'intervallo di tempo Δt di applicazione della forza); se la forza è variabile, come accade nella realtà, possiamo sempre determinare una forza media F_m che, applicata nello stesso intervallo di tempo Δt, genera la stessa variazione di quantità di moto (cioè l'area colorata è equivalente all'area tratteggiata – vedi figura successiva):

$$\Delta p = F_m \Delta t$$

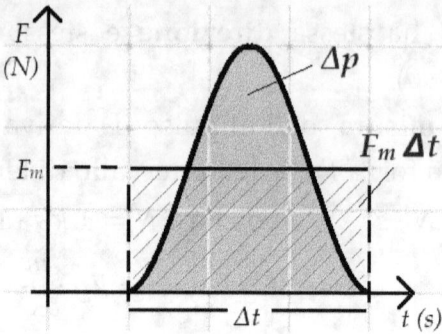

Il teorema dell'impulso può quindi essere scritto nel seguente modo:

$$\Delta \vec{p} = \vec{F}_m \Delta t$$

A parità di variazione di quantità di moto $\Delta \vec{p}$:

- maggiore è l'intervallo di tempo Δt di applicazione della forza e minore è la forza media F_m;
- minore è l'intervallo di tempo Δt di applicazione della forza e maggiore è la forza media F_m.

Perciò se saltassi da un tavolo e nell'atterraggio piegassi le ginocchia, la forza media necessaria per annullare la quantità di moto sarebbe piccola; se invece atterrassi senza piegare le ginocchia (con le gambe rigide) nell'impatto agirebbe una forza molto alta. Questo spiega anche il ruolo delle imbottiture nei dispositivi di protezione (ginocchiere, guanti di un portiere...) che hanno il compito di allungare l'intervallo Δt della variazione della quantità di moto Δp.

Se è nota la variazione della quantità di moto nell'intervallo Δt è possibile conoscere la forza media F_m di un impulso:

$$F_m = \frac{\Delta p}{\Delta t}$$

Convenzione dei segni per il calcolo della variazione della quantità di moto:
- la quantità di moto iniziale è positiva;
- la forza è positiva quando aumenta la quantità di moto, negativa se la diminuisce.

Esercizio svolto 2.1

Una pallina di massa $m = 0,050$ kg urta sul pavimento con una velocità $v_i = 20,0$ m/s. La pallina torna indietro con una velocità $v_f = 19$ m/s. Sapendo che l'intervallo di tempo del contatto tra pallina e pavimento è $\Delta t = 0,090$ s:
a) calcola il modulo della forza media esercitata dal pavimento sulla pallina;
b) calcola l'impulso esercitato dal pavimento sulla pallina.

Soluzione
In questa tipologia di esercizio è opportuno fare attenzione al verso di ciascun vettore ed al sistema di riferimento.
È consigliato, quando si risolve un esercizio o un problema, evidenziare la soluzione trovata (cioè la risposta alla richiesta del problema).

a) Poiché prendiamo come positiva la quantità di moto iniziale (cioè la velocità iniziale), disegniamo un sistema di riferimento concorde con il vettore velocità iniziale (verso il basso). Sappiamo che:

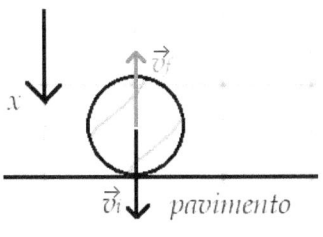

$$\vec{F}_m = \frac{\Delta \vec{p}}{\Delta t} = \frac{\vec{p}_f - \vec{p}_i}{\Delta t} = \frac{m(\vec{v}_f - \vec{v}_i)}{\Delta t}$$

Si osservi che i vettori $\vec{v}_f$ e $-\vec{v}_i$ sono concordi tra loro (perciò i moduli si sommano) e discordi con il sistema di riferimento, quindi $\vec{F}_m$ sarà diretto nel verso opposto al sistema di riferimento ($\Delta t > 0$ e $m > 0$) ed il suo modulo sarà:

$$F_m = \frac{m\left|-v_f - v_i\right|}{\Delta t} = \frac{0{,}050 \ kg \ (19+20)\frac{m}{s}}{0{,}090 \ s} = 21{,}7 \ kg\frac{m}{s^2} \Rightarrow$$

$$\Rightarrow \boxed{F_m \simeq 22 \ N \quad diretta \ verso \ l'alto}$$

b) L'impulso esercitato dal pavimento sulla pallina sarà dato dal teorema dell'impulso:

$$\vec{I} = \vec{F}_m \Delta t = \Delta \vec{p} = \vec{p}_f - \vec{p}_i = m(\vec{v}_f - \vec{v}_i)$$

Poiché m > 0 ed i vettori velocità ($\vec{v}_f$ e $-\vec{v}_i$) sono diretti nel verso opposto al sistema di riferimento, il vettore impulso sarà anch'esso diretto nel verso opposto al sistema di riferimento ed avrà modulo:

$$I = m\left|-v_f - v_i\right| = 0{,}050 \ kg \ (19+20) \ m/s) =$$

$$= 1{,}95 \ kg\frac{m}{s} \Rightarrow \boxed{I \simeq 2{,}0 \ kg\frac{m}{s} \quad diretta \ verso \ l'alto}$$

3 Forze interne ed esterne al sistema

Nel caso di un sistema di corpi dove agisce complessivamente una forza $\vec{F}_{tot}$, la variazione della quantità di moto del sistema è:

$$\Delta \vec{p}_{tot} = \vec{F}_{tot} \Delta t$$

Dove la $\vec{F}_{tot}$ del sistema è la somma delle risultanti delle forze interne e delle forze esterne al sistema stesso:

$$\vec{F}_{tot} = \sum \vec{F}_{int} + \sum \vec{F}_{est}$$

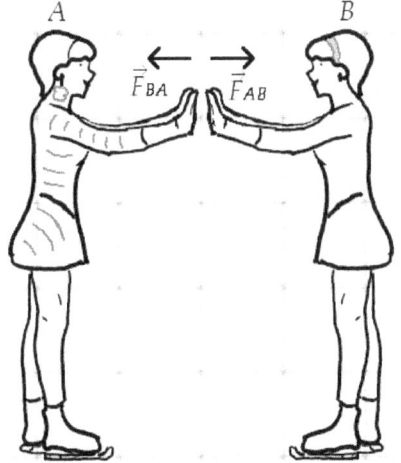

Per comprendere la differenza tra forze interne ed esterne, immagina un sistema composto da due pattinatrici su ghiaccio: Antonella (A) e Beatrice (B). Se A esercita una forza $\vec{F}_{AB}$ su B, per il terzo principio della dinamica (noto anche come principio di azione e reazione), B esercita contemporaneamente una forza $\vec{F}_{BA}$ uguale e contraria su A cioè $\vec{F}_{AB} = -\vec{F}_{BA}$ (ricordiamo che i termini azione e reazione potrebbero far pensare ad un prima ed un dopo, in realtà c'è contemporaneità). Tali forze sono interne al sistema e la loro risultante è nulla ($\vec{F}_{AB} + \vec{F}_{BA} = \vec{0}$). Se dovesse sopraggiungere Carlo (C), che è esterno al sistema che stiamo considerando, e dovesse applicare una forza $\vec{F}_{CB}$ su B allora tale forza sarebbe esterna al sistema composto da Antonella e Beatrice.

Si definisce **forza interna** a un sistema una forza esercitata da un corpo del sistema su un altro corpo del sistema.

Si definisce **forza esterna** a un sistema una forza esercitata da un corpo esterno al sistema su un corpo del sistema.

La risultante delle forze interne, per il terzo principio della dinamica, è sempre nulla:

$$\sum \vec{F}_{int} = \vec{0}$$

Perciò:

$$\vec{F}_{tot} = \sum \vec{F}_{int} + \sum \vec{F}_{est} \implies \vec{F}_{tot} = \sum \vec{F}_{est}$$

Quindi la relazione $\Delta \vec{p}_{tot} = \vec{F}_{tot} \Delta t$ diventa semplicemente

$$\boxed{\Delta \vec{p}_{tot} = \left(\sum \vec{F}_{est}\right) \Delta t}$$

4 Principio di conservazione della quantità di moto

Un **sistema** si dice **isolato** se è nulla la risultante delle forze esterne $\left(\sum \vec{F}_{est} = \vec{0}\right)$ che agisce sul sistema (o se le forze esterne sono trascurabili rispetto a quelle interne).

Dalla relazione precedente

$$\Delta \vec{p}_{tot} = \left(\sum \vec{F}_{est}\right) \Delta t$$

sappiamo che se su un corpo di massa m agiscono delle forze esterne $\sum \vec{F}_{est}$ esse causano una variazione della quantità di moto totale del sistema $\Delta \vec{p}_{tot}$. Perciò se non ci sono forze esterne o se la somma delle forze esterne è nulla $\left(\sum \vec{F}_{est} = \vec{0}\right)$ o trascurabile rispetto alle forze interne, la quantità di moto totale del sistema non varia:

$$\Delta \vec{p}_{tot} = \vec{0}$$

Il **principio di conservazione della quantità di moto** afferma che in un sistema isolato la quantità di moto totale del sistema non cambia ($\Delta \vec{p}_{tot} = \vec{0}$) cioè la quantità di moto totale iniziale $\vec{p}_{tot\,i}$ è uguale alla quantità di moto totale finale $\vec{p}_{tot\,f}$:

$$\vec{p}_{tot\,i} = \vec{p}_{tot\,f}$$

Se la quantità di moto ha tre componenti ($p_{tot\,x}$, $p_{tot\,y}$, $p_{tot\,z}$) la precedente vale per ogni sua componente.

Osservazione 1: se le forze agenti su un sistema sono di origine interna (o quelle esterne sono trascurabili) vale sempre il principio di conservazione della quantità di moto (es. esplosioni, urti ...).

Osservazione 2: il principio di conservazione della quantità di moto è strettamente legato al terzo principio della dinamica. Riprendendo l'esempio delle pattinatrici ($\vec{F}_{AB} = -\vec{F}_{BA}$):

$$\vec{F}_{AB} + \vec{F}_{BA} = \vec{0} \Rightarrow m_A \vec{a}_A + m_B \vec{a}_B = \vec{0} \Rightarrow$$

$$\Rightarrow m_A \frac{\Delta \vec{v}_A}{\Delta t} + m_B \frac{\Delta \vec{v}_B}{\Delta t} = \vec{0} \Rightarrow$$

$$\Rightarrow \frac{\Delta(m_A \vec{v}_A)}{\Delta t} + \frac{\Delta(m_B \vec{v}_B)}{\Delta t} = \vec{0} \Rightarrow \frac{\Delta(\vec{p}_A) + \Delta(\vec{p}_B)}{\Delta t} = \vec{0} \Rightarrow$$

$$\Rightarrow \Delta(\vec{p}_A + \vec{p}_B) = \vec{0} \Rightarrow \Delta \vec{p}_{tot} = \vec{0}$$

Esempio del nuotatore

Il sistema composto da un nuotatore fermo in acqua ferma ha complessivamente una quantità di moto nulla. Quando il nuotatore inizia a nuotare, sono presenti soltanto forze interne al sistema (composto da nuotatore ed acqua della piscina) e quindi vale il principio di conservazione della quantità di moto. Se il nuotatore spinge una certa quantità di massa d'acqua m_a verso destra con velocità v_a, il nuotatore di massa m_n si muoverà verso sinistra con una velocità v_n. Applicando il principio di conservazione della quantità di moto, la somma delle quantità di moto iniziali deve essere uguale alla somma delle quantità di moto finali, abbiamo:

$$\underset{\vec{0}}{\overset{\vec{p}_i}{\vec{0}}} = \overset{\vec{p}_f}{\overbrace{m_a \vec{v}_a + m_n \vec{v}_n}} \Rightarrow \vec{v}_n = -\frac{m_a}{m_n} \vec{v}_a$$

Il segno meno indica che la velocità del nuotatore ha verso

opposto alla velocità dell'acqua. Sempre dalla relazione precedente si comprende che la velocità del nuotatore aumenta all'aumentare della massa d'acqua m_a spinta e dalla velocità v_a con cui spinge tale massa d'acqua.

Quindi un nuotatore per essere veloce deve spingere la maggiore quantità di acqua m_a con la maggiore velocità v_a possibile.

Analogamente a quanto accade per il nuotatore, il lancio di uno Shuttle avviene per l'emissione di gas di scarico dai razzi di spinta. Tale propulsione a reazione funziona anche nello spazio vuoto in quanto la spinta del razzo dipende dalla spinta della massa del gas di scarico con una certa velocità.

Esercizio svolto 4.1: lancio della palla da una barca

Un ragazzo è fermo con una palla in una barca, anch'essa ferma. La palla ha massa $m_p = 0{,}500\ kg$ e viene lanciata orizzontalmente con velocità $v_p = 2{,}50\ m/s$ verso destra, il ragazzo e la barca hanno una massa complessiva $m = 120\ kg$. Determina la velocità v_f del ragazzo e della barca dopo il lancio.

Soluzione

Fissiamo un sistema di riferimento x concorde con la velocità della palla. Poiché non ci sono forze esterne, scriviamo il principio di conservazione della quantità di moto (nella componente x):

$$\overbrace{m_p v_{p\,i} + m\, v_i}^{p_{tot\,i}} = \overbrace{m_p v_{p\,f} + m\, v_f}^{p_{tot\,f}}$$

Osserviamo che:
- $v_{p\,i} = 0\ m/s$;
- $v_{p\,f} = v_p = 2{,}50\ m/s$;
- $v_i = 0\ m/s$;
- $v_f =\ ?$

Perciò la precedente relazione diventa:

$$m_p \cdot 0 + m \cdot 0 = m_p v_{p\,f} + m\, v_f \Rightarrow 0 = m_p v_{p\,f} + m\, v_f \Rightarrow$$

$$\Rightarrow v_f = -\frac{m_p}{m} v_{p\,f} = -\frac{0{,}500\ kg}{120\ kg} 2{,}50\ \frac{m}{s} \simeq -0{,}0104\ \frac{m}{s} \Rightarrow$$

$$\Rightarrow \boxed{v_f \simeq -0{,}0104\ \frac{m}{s}}$$

Il segno meno indica che il bambino e la barca si muoveranno con velocità che ha verso opposto a quella della palla.

Osservazione: nell'esercizio precedente esistono solo forze interne (la forza del bimbo che spinge la palla e la forza, per il principio di azione e reazione, della palla che spinge il bambino e la barca) perciò il sistema è isolato e la quantità di moto totale del sistema si conserva (anche se la quantità di moto dei singoli corpi varia). Prima della spinta l'energia cinetica totale del sistema è zero. Dopo il lancio l'energia cinetica totale del sistema è la somma delle energie cinetiche della palla e del bimbo con la barca, che è diversa da zero. Tale energia è dovuta al lavoro compiuto da tali forze.

4.1 Sistema a massa variabile

Ti sei mai chiesto come fa un razzo a volare? Esso è un esempio di sistema a massa variabile che utilizza il principio di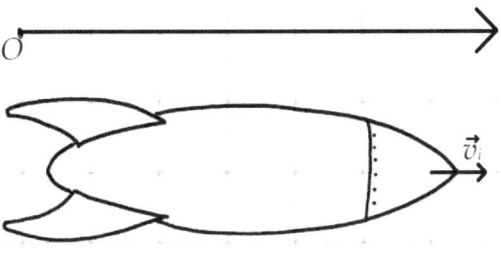
conservazione della quantità di moto. Immagina un razzo che si muove con velocità iniziale v_i verso destra, con motori spenti e lontano da pianeti (lontano da forze gravitazionali).

Indichiamo con m_r la massa del razzo e con Δm la quantità di combustibile che verrà bruciato in un intervallo di tempo Δt; la sua massa totale iniziale m sarà data dalla somma della massa del razzo m_r e dalla massa del combustibile Δm:

$$m_i = m_r + \Delta m$$

La sua quantità di moto totale iniziale sarà:
$$p_i = m_i v_i = (m_r + \Delta m) v_i.$$

Accendiamo i motori, per un certo intervallo di tempo Δt, e supponiamo che una quantità di massa di gas Δm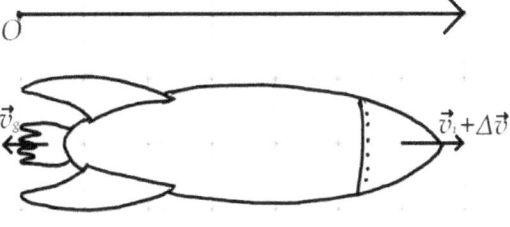
(dovuto alla combustione del carburante) viene espulsa verso sinistra con una velocità (rispetto all'astronave) v_g ovvero, (rispetto al sistema di riferimento) $v_i - v_g$.

Contemporaneamente la navicella si muoverà verso destra ed alla fine avrà una velocità $v_i + \Delta v$.

Poiché siamo lontani da forze gravitazionali, cioè le forze esterne sono trascurabili, siamo in un sistema isolato e perciò vale il principio di conservazione della quantità di moto:

$$p_i = p_f \Rightarrow$$

$$\Rightarrow (m_r + \Delta m)\, v_i = \Delta m\, (v_i - v_g) + m_r(v_i + \Delta v) \Rightarrow$$

$$\Rightarrow m_r\, v_i + \Delta m\, v_i = \Delta m\, v_i - \Delta m\, v_g + m_r\, v_i + m_r\, \Delta v \Rightarrow$$

Poiché $m_r\, v_i$ e $\Delta m\, v_i$ sono presenti in ambo i membri:

$$\Rightarrow 0 = -\Delta m\, v_g + m_r \Delta v \Rightarrow m_r \Delta v = \Delta m\, v_g \Rightarrow$$

Vogliamo ricavare l'**accelerazione del razzo** $\left(a = \frac{\Delta v}{\Delta t}\right)$, dividiamo ambo i membri per l'intervallo di tempo Δt:

$$\Rightarrow m_r \frac{\Delta v}{\Delta t} = \frac{\Delta m}{\Delta t} v_g \Rightarrow \boldsymbol{a = \frac{1}{m_r} \frac{\Delta m}{\Delta t} v_g}$$

L'accelerazione è direttamente proporzionale alla velocità del gas espulso v_g e da quanto velocemente varia la quantità di massa bruciata nel tempo ($\Delta m / \Delta t$); è inversamente proporzionale alla massa m_r del razzo.

Esercizio svolto 4.1.1: nastro trasportatore

Un nastro trasportatore scorre verso destra con velocità $v = 2{,}0$ m/s. Su di esso viene rilasciata 1,0 kg di ghiaia al secondo. Qual è la forza F che il motore deve applicare per far muovere il nastro a velocità costante?

Soluzione
La quantità di ghiaia rilasciata è 1,0 kg al secondo cioè:
$$\frac{\Delta m}{\Delta t} = 1,0 \frac{kg}{s}$$

Partiamo dal modulo del teorema dell'impulso, cioè l'applicazione di una forza media F_m causa una variazione della quantità di moto:
$$F_m = \frac{\Delta p}{\Delta t}$$

La forza applicata dal motore deve compensare la variazione della quantità di moto dovuta all'aumento della massa nel tempo:
$$F_m = \frac{\Delta p}{\Delta t} = \frac{\Delta (m\,v)}{\Delta t}$$

Essendo la velocità costante:
$$F_m = \frac{\Delta (m\,v)}{\Delta t} = \frac{m_f\,v - m_i\,v}{\Delta t} = \frac{m_f - m_i}{\Delta t} v = \frac{\Delta m}{\Delta t} v \Rightarrow$$
$$\Rightarrow F_m = 1,0 \frac{kg}{s} 2,0 \frac{m}{s} = 2,0\, kg \frac{m}{s^2} \Rightarrow \boxed{F_m = 2,0\,N}$$

Esercizio svolto 4.1.2: contenitore che scorre all'aperto
Un contenitore di massa m_c = 15 kg scorre all'aperto con velocità v_c = 10 m/s. Se piove ed il contenitore raccoglie 29 g di acqua al secondo, quale sarà la velocità finale del contenitore dopo 5,0 minuti? Calcola la variazione percentuale della velocità.

Soluzione
Dopo 5,0 min la quantità di massa è variata di:

$$\Delta m = 29\frac{g}{s} \cdot 5{,}0\ min = 29 \cdot 10^{-3}\frac{kg}{s} \cdot 5{,}0 \cdot 60\ s = 8{,}7\ kg$$

Per il principio di conservazione della quantità di moto:

$$m_c v_c = (m_c + \Delta m)v_f \Rightarrow v_f = \frac{m_c}{m_c + \Delta m}v_c$$

$$= \frac{15\ kg}{15\ kg + 8{,}7\ kg} 10\frac{m}{s} \Rightarrow \boxed{v_f \simeq 6{,}3\frac{m}{s}}$$

Per la variazione percentuale impostiamo la seguente proporzione:

$$v_c : 100\% = (v_f - v_c) : x_\% \Rightarrow x_\% = \frac{v_f - v_c}{v_c} \cdot 100\% \Rightarrow$$

$$\Rightarrow x_\% = \frac{6{,}33 - 10}{10} \cdot 100\% = -36{,}7\% \Rightarrow x_\% \simeq -37\%$$

Il segno meno sta ad indicare che la velocità finale è diminuita.

4.2 Rinculo di un fucile

Consideriamo un proiettile di massa m_1 posto all'interno di un fucile di massa m_2, entrambi fermi come in figura.

Prima dell'esplosione

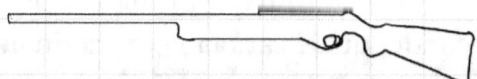

La quantità di moto totale iniziale è nulla. Supponiamo di far esplodere un colpo. Un istante dopo lo sparo il proiettile uscirà con velocità v_{1f} verso sinistra ed il fucile si muoverà verso destra con velocità v_{2f} (detta **velocità di rinculo**).

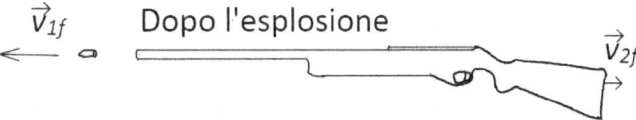

Dopo l'esplosione

Poiché il sistema è isolato, le forze agenti su un sistema sono di origine interna, vale il principio di conservazione della quantità di moto:

$$\vec{p}_{tot\,i} = \vec{p}_{tot\,f} \Rightarrow$$

$$\Rightarrow \vec{0} = m_1 \vec{v}_{1f} + m_2 \vec{v}_{2f} \Rightarrow \vec{v}_{2f} = -\frac{m_1}{m_2} \vec{v}_{1f}$$

Il segno meno sta ad indicare che la velocità di rinculo ha verso opposto a quella del proiettile, è direttamente proporzionale alla massa del proiettile ed alla sua velocità, è inversamente proporzionale alla massa del fucile. Inoltre, essendo $m_1 < m_2$ sarà ance $v_{2f} < v_{1f}$.

Ad esempio, per un fucile d'assalto M16 (m_2 = 3,4 kg e m_1 = 0,0040 kg) con velocità del proiettile v_{1f} = 900 m/s verso sinistra, la velocità di rinculo in modulo è:

$$v_{2f} = \frac{m_1}{m_2} v_{1f} = \frac{0{,}0040\,kg}{3{,}4\,kg}\,900\frac{m}{s} \Rightarrow$$

$$\Rightarrow \boxed{v_{2f} \simeq 1{,}1\,\frac{m}{s}}$$

Poiché il proiettile è sparato verso sinistra, la velocità di rinculo è verso destra.

5 Urti

Quando due corpi vengono a "contatto" per un breve intervallo di tempo Δt si ha un **urto** e ciò genera delle forze interne impulsive molto maggiori, in quel breve intervallo Δt, delle forze esterne (queste ultime risultano trascurabili rispetto a quelle interne).

Per "contatto" non si intende necessariamente contatto fisico (come nell'urto di due palle da biliardo). Immagina due macchinine aventi un magnete con il polo nord rivolto in avanti, se si lanciano frontalmente con velocità non troppo elevate le due macchinine avranno un urto cioè un'<u>interazione</u> senza per forza toccarsi (tale concetto verrà ripreso nella fionda gravitazionale).

Se in un urto le forze esterne sono trascurabili, rispetto alle forze interne che si generano nell'urto, allora vale il principio di conservazione della quantità di moto cioè la quantità di moto totale un istante prima dell'urto $\vec{p}_{tot\,i}$ è uguale alla quantità di moto totale un istante dopo l'urto $\vec{p}_{tot\,f}$:

$$\textbf{\textit{in un urto}}: \quad \underbrace{\vec{p}_{tot\,i}}_{\text{un istante prima}} = \underbrace{\vec{p}_{tot\,f}}_{\text{un istante dopo}}$$

Un sistema composto da n masse, ognuna con una propria velocità, avrà un'energia cinetica complessiva data da:

$$K_{tot} = \sum_{i=1}^{n} \left(\frac{1}{2} m_i v_i^2\right)$$

Durante l'urto tale energia cinetica potrebbe essere convertita in altre forme di energia (ad es. energia termica, energia sonora, energia interna legata alla deformazione del corpo). A seconda che l'energia cinetica totale del sistema si conservi o meno possiamo classificare gli urti in elastici o anelastici.

Ricordiamo che **in un urto si conserva la quantità di moto**. Inoltre, se durante l'urto l'**energia cinetica totale del sistema**:
- **si conserva e $K_{tot\,i} = K_{tot\,f}$**, si ha un **urto elastico**: es. urto tra due palle da biliardo;
- **non si conserva e $K_{tot\,i} > K_{tot\,f}$**, si ha un **urto anelastico**: es. urto dovuto ad un tamponamento tra due auto. Se dopo l'urto anelastico i corpi rimangono attaccati si ha un **urto completamente anelastico**: es. urto di un proiettile che si conficca in un blocco di legno appeso ad un filo (pendolo balistico);
- **non si conserva e $K_{tot\,i} < K_{tot\,f}$**, si ha un **urto esplosivo**: in questo caso la maggiore energia cinetica finale è dovuta alla conversione dell'energia chimica.

5.1 Urto elastico unidimensionale

Consideriamo una palla di massa m_1 che urta elasticamente con velocità v_{1i} lungo l'asse delle x un'altra palla di massa m_2 che viaggia con velocità v_{2i} lungo lo stesso asse. Essendo un urto possiamo applicare il principio di conservazione della quantità di moto e poiché si tratta di un urto elastico vale anche il principio di conservazione dell'energia cinetica totale del sistema. Possiamo perciò scrivere il seguente sistema:

$$\begin{cases} m_1 v_{1i} + m_2 v_{2i} = m_1 v_{1f} + m_2 v_{2f} \\ \frac{1}{2} m_1 v_{1i}^2 + \frac{1}{2} m_2 v_{2i}^2 = \frac{1}{2} m_1 v_{1f}^2 + \frac{1}{2} m_2 v_{2f}^2 \end{cases}$$

Risolvendolo è possibile ricavare le velocità finali (dopo l'urto) delle due masse:

$$\begin{cases} v_{1f} = \dfrac{m_1 - m_2}{m_1 + m_2} v_{1i} + \dfrac{2 m_2}{m_1 + m_2} v_{2i} \\ v_{2f} = \dfrac{2 m_1}{m_1 + m_2} v_{1i} + \dfrac{m_2 - m_1}{m_1 + m_2} v_{2i} \end{cases}$$

Esercizio svolto 5.1.1: urto elastico unidimensionale

Una palla di massa m_1 = 0,30 kg colpisce elasticamente con velocità v_{1i} = 0,40 m/s un'altra palla di massa m_2 = 0,40 kg ferma. Determina le velocità finali delle due masse dopo l'urto.

Soluzione
È fondamentale in tali esercizi **disegnare il sistema di riferimento** (che prenderemo concorde con il vettore velocità $\vec{v}_{1i}$) e fare attenzione ai segni delle velocità.

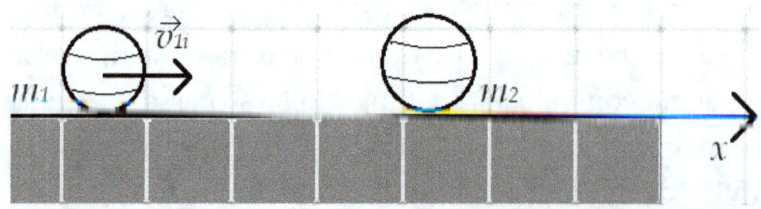

In questo caso la velocità v_{1i} è positiva e v_{2i} = 0. Il precedente sistema si riduce a:

$$\begin{cases} v_{1f} = \dfrac{m_1 - m_2}{m_1 + m_2} v_{1i} \\ v_{2f} = \dfrac{2m_1}{m_1 + m_2} v_{1i} \end{cases} \Rightarrow \begin{cases} v_{1f} = \dfrac{0{,}30\ kg - 0{,}40\ kg}{0{,}30\ kg + 0{,}40 kg} 0{,}40 \dfrac{m}{s} \\ v_{2f} = \dfrac{2 \cdot 0{,}30\ kg}{0{,}30\ kg + 0{,}40\ kg} 0{,}40 \dfrac{m}{s} \end{cases} \Rightarrow$$

$$\Rightarrow \begin{cases} v_{1f} \simeq -0{,}057 \dfrac{m}{s} \\ v_{2f} \simeq 0{,}34 \dfrac{m}{s} \end{cases}$$

Quando l'esercizio richiede il calcolo di una grandezza vettoriale è opportuno determinare il modulo e disegnare il vettore (che identifica direzione e verso); oppure si trovano i moduli e si commentano: si osservi che la palla m_1 torna indietro perché la v_{1f} è negativa, mentre la palla m_2 si muove verso destra perché v_{2f} è positiva (cioè concorde con il sistema di riferimento).

5.2 Proiettile e bersaglio con la stessa massa (urto elastico)

Consideriamo una palla di massa m_1 che urta elasticamente con velocità v_{1i} lungo l'asse delle x un'altra palla di massa $m_2 = m_1 = m$ che è ferma ($v_{2i} = 0$). Vale sia il principio di conservazione della quantità di moto che il principio di conservazione dell'energia cinetica totale del sistema. Abbiamo già visto che la soluzione del sistema (tra le due equazioni relative ai principi di conservazione) è:

$$\begin{cases} v_{1f} = \dfrac{m_1 - m_2}{m_1 + m_2} v_{1i} + \dfrac{2m_2}{m_1 + m_2} v_{2i} \\ v_{2f} = \dfrac{2m_1}{m_1 + m_2} v_{1i} + \dfrac{m_2 - m_1}{m_1 + m_2} v_{2i} \end{cases}$$

Poiché $v_{2i} = 0$ e $m_1 = m_2 = m$ tale sistema si semplifica ($m_1 - m_2 = m_2 - m_1 = 0$) e diventa:

$$\begin{cases} v_{1f} = 0 \\ v_{2f} = \dfrac{2m}{2m} v_{1i} \end{cases} \Rightarrow \begin{cases} v_{1f} = 0 \\ v_{2f} = v_{1i} \end{cases}$$

Cioè la velocità finale della prima massa è la velocità iniziale della seconda massa, la velocità finale della seconda massa è la velocità iniziale della prima massa (le velocità si scambiano). Ad esempio durante una partita di biliardo, quando la prima palla colpisce la seconda palla (ferma), la prima palla si ferma e la seconda parte con la stessa velocità della prima palla; ciò è vero se il vettore v_{1i} è sulla congiungente le due masse (vedi "L'urto elastico in due dimensioni").

Esercizio svolto 5.2.1: urto elastico (attenzione ai segni)

Una palla di massa $m_1 = 0{,}30$ kg colpisce elasticamente con velocità $v_{1i} = 0{,}40$ m/s un'altra palla di massa $m_2 = 0{,}30$ kg che si muove verso la prima palla con velocità $v_{2i} = 0{,}20$ m/s. Determina le velocità finali delle due masse dopo l'urto.

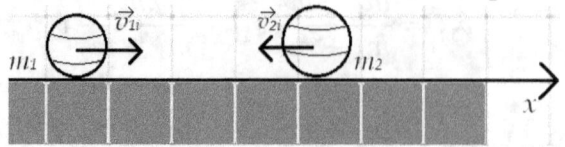

Soluzione

Si tratta di un urto elastico, la soluzione generale del sistema (tra le due equazioni relative ai principi di conservazione) è:

$$\begin{cases} v_{1f} = \dfrac{m_1 - m_2}{m_1 + m_2} v_{1i} + \dfrac{2m_2}{m_1 + m_2} v_{2i} \\ v_{2f} = \dfrac{2m_1}{m_1 + m_2} v_{1i} + \dfrac{m_2 - m_1}{m_1 + m_2} v_{2i} \end{cases}$$

Bisogna però **prestare attenzione al fatto che il vettore $\vec{v}_{2i}$ è discorde con il sistema di riferimento** e perciò dobbiamo correggere il suo segno (rispetto alla soluzione generale):

$$\begin{cases} v_{1f} = \dfrac{m_1 - m_2}{m_1 + m_2} v_{1i} - \dfrac{2m_2}{m_1 + m_2} v_{2i} \\ v_{2f} = \dfrac{2m_1}{m_1 + m_2} v_{1i} - \dfrac{m_2 - m_1}{m_1 + m_2} v_{2i} \end{cases} \Rightarrow$$

Notiamo anche che le due masse sono uguali ($m_1 = m_2 = m$), perciò $m_1 - m_2 = m_2 - m_1 = 0$:

$$\begin{cases} v_{1f} = -v_{2i} \\ v_{2f} = v_{1i} \end{cases} \Rightarrow \begin{cases} v_{1f} = -0{,}20 \ m/s \\ v_{2f} = 0{,}40 \ m/s \end{cases}$$

Osserviamo che la velocità finale della prima palla v_{1f} è negativa cioè la palla 1, dopo l'urto, si muoverà in verso opposto al sistema di riferimento (torna indietro); la velocità finale della seconda palla v_{2f} è positiva cioè la palla 2, dopo l'urto, si muoverà nello stesso verso del sistema di riferimento. Poiché le due masse sono uguali, le due velocità si scambiano.

5.3 Pendolo di Newton (urto elastico)

Il pendolo di Newton, costruito da Robert Hooke (fisico e botanico francese del XVII secolo), è composto da cinque sfere d'acciaio (di identica massa) sospese ognuna mediante due fili in modo che siano in contatto 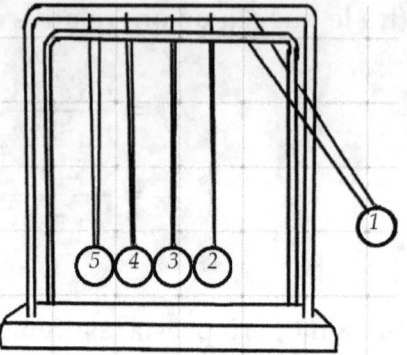 tra loro su una stessa linea orizzontale. Esso è stato reso popolare nel XIX secolo in onore di Newton, poiché le sue leggi spiegano il funzionamento di tale particolare sistema.

Tale pendolo viene utilizzato come esempio di una rapida successione di urti elastici. Sollevando la massa 1 all'estremità destra, quando essa viene lasciata urterà elasticamente la massa 2 e trasferirà quantità di moto ed energia cinetica. La massa 2 urterà elasticamente la massa 3, la quale farà lo stesso con la massa 4, la quale farà lo stesso con la massa 5. Essendo tutti gli urti elastici ed essendo tutte le masse uguali la massa 5 avrà la stessa velocità che aveva la massa 1 un istante prima dell'urto con la massa 2. Perciò la massa 5 raggiungerà la stessa altezza della massa 1:

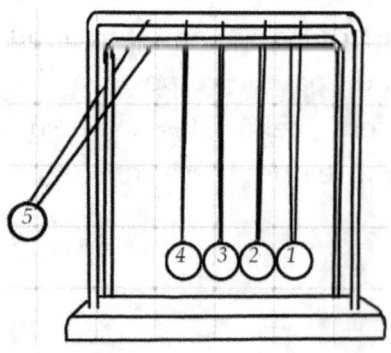

Sollevando le masse 1 e 2, dopo gli urti si solleveranno le masse 5 e 4 (le quali raggiungeranno le stesse altezze iniziali delle masse 1 e 2). Sollevando le masse 1, 2 e 3, dopo gli urti si solleveranno le masse 5, 4 e 3 (le quali raggiungeranno le stesse altezze iniziali delle masse 1, 2 e 3). Sollevando le masse 1, 2, 3 e 4, dopo gli urti si solleveranno le masse 5, 4, 3 e 2.

5.4 Proiettile massiccio (urto elastico)

Si parla di **proiettile massiccio** quando la massa m_1 del proiettile è molto maggiore della massa m_2 del bersaglio ($m_1 \gg m_2$). Poiché $m_1 \pm m_2 \simeq m_1$ e $\frac{m_2}{m_1} \simeq 0$, la soluzione del sistema (tra le due equazioni relative ai principi di conservazione):

$$\begin{cases} v_{1f} = \dfrac{m_1 - m_2}{m_1 + m_2} v_{1i} + \dfrac{2m_2}{m_1 + m_2} v_{2i} \\ v_{2f} = \dfrac{2m_1}{m_1 + m_2} v_{1i} + \dfrac{m_2 - m_1}{m_1 + m_2} v_{2i} \end{cases}$$

si riduce al seguente:

$$\begin{cases} v_{1f} = \dfrac{m_1}{m_1} v_{1i} + \dfrac{2m_2}{m_1} v_{2i} \\ v_{2f} = \dfrac{2m_1}{m_1} v_{1i} + \dfrac{-m_1}{m_1} v_{2i} \end{cases} \Rightarrow \begin{cases} v_{1f} = v_{1i} \\ v_{2f} = 2v_{1i} - v_{2i} \end{cases} \Rightarrow$$

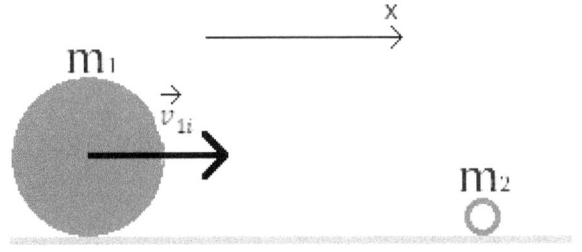

Se il bersaglio è fermo ($v_{2i} = 0$):

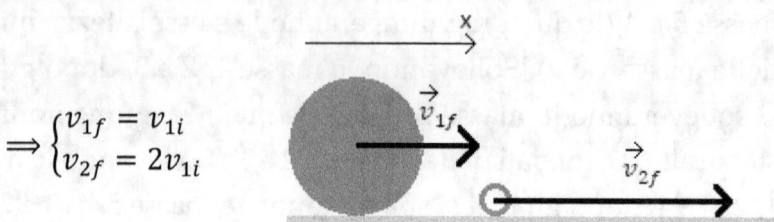

$$\Rightarrow \begin{cases} v_{1f} = v_{1i} \\ v_{2f} = 2v_{1i} \end{cases}$$

Quindi il proiettile mantiene la stessa velocità iniziale ($v_{1f} = v_{1i}$) e il bersaglio acquista una velocità doppia ($v_{2f} = 2v_{1i}$).

Osservate, ad esempio, la velocità di una pallina da tennis ($m_1 = 0{,}65$ kg) dopo l'urto in queste due situazioni:
1) fate cadere una pallina da tennis a terra (bersaglio massiccio, vedi paragrafo successivo);
2) fate cadere insieme la pallina da tennis con sotto una palla da basket ($m_2 = 0{,}056$ kg).

5.5 Bersaglio massiccio (urto elastico)

Si parla di **bersaglio massiccio** quando la massa m_1 del proiettile è molto minore della massa m_2 del bersaglio ($m_1 \ll m_2$). In questi casi generalmente il bersaglio è fermo $v_{2i} = 0$, ad es. il bersaglio è una parete.
Poiché $m_1 \pm m_2 \simeq m_2$, $\frac{m_1}{m_2} \simeq 0$ e $v_{2i} = 0$, la soluzione del sistema (tra le due equazioni relative ai principi di conservazione):

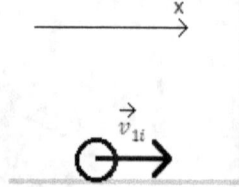

$$\begin{cases} v_{1f} = \dfrac{m_1 - m_2}{m_1 + m_2} v_{1i} + \dfrac{2m_2}{m_1 + m_2} v_{2i} \\ v_{2f} = \dfrac{2m_1}{m_1 + m_2} v_{1i} + \dfrac{m_2 - m_1}{m_1 + m_2} v_{2i} \end{cases}$$

si riduce al seguente:

$$\begin{cases} v_{1f} = \dfrac{-m_2}{m_2} v_{1i} \\ v_{2f} = \dfrac{2m_1}{m_2} v_{1i} \end{cases} \Rightarrow \begin{cases} v_{1f} = -v_{1i} \\ v_{2f} = 0 \end{cases}$$

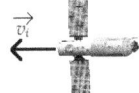

Quindi il proiettile torna indietro con lo stesso modulo della velocità iniziale e la parete (il bersaglio massiccio) continua a rimanere ferma.

5.6 Fionda gravitazionale (urto elastico)

Consideriamo un satellite di massa m che si muove con velocità v_i verso un pianeta di massa $M \gg m$ che si muove con velocità $V_i > v_i$ verso il satellite.

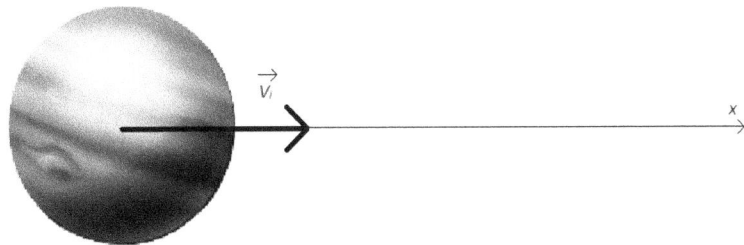

Le due masse entrano in "contatto" mediante forze interne al sistema (forze di attrazione gravitazionale). Inoltre l'energia cinetica totale del sistema si conserva e quindi si tratta di un "urto" elastico. La soluzione generale del sistema (tra le due equazioni relative ai principi di conservazione) è:

$$\begin{cases} v_f = \dfrac{m-M}{m+M}v_i + \dfrac{2M}{m+M}V_i \\ V_f = \dfrac{2m}{m+M}v_i + \dfrac{M-m}{m+M}V_i \end{cases}$$

Bisogna però **prestare attenzione al fatto che il vettore $\vec{v}_i$ è discorde con il sistema di riferimento** e perciò dobbiamo correggere il suo segno (rispetto alla soluzione generale):

$$\begin{cases} v_f = -\dfrac{m-M}{m+M}v_i + \dfrac{2M}{m+M}V_i \\ V_f = -\dfrac{2m}{m+M}v_i + \dfrac{M-m}{m+M}V_i \end{cases} \Rightarrow$$

Essendo $M \gg m$, $m \pm M \simeq M$ e $\frac{m}{M} \simeq 0$, perciò il sistema si riduce a:

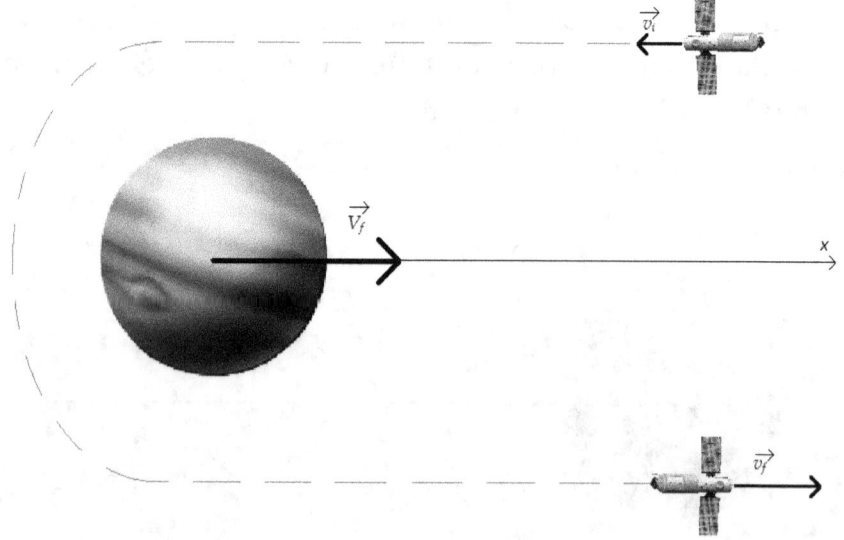

$$\Rightarrow \begin{cases} v_f = -\dfrac{-M}{M}v_i + \dfrac{2M}{M}V_i \\ V_f = -\dfrac{2m}{M}v_i + \dfrac{M}{M}V_i \end{cases} \Rightarrow \begin{cases} v_f = v_{1i} + 2V_i \\ V_f = V_i \end{cases}$$

Cioè il pianeta neanche se ne accorge del passaggio del satellite mentre la velocità di quest'ultimo cambia verso ed aumenta di modulo.

Ad esempio, con rispettivamente le seguenti velocità iniziali $V_i = 3{,}0 \cdot 10^4$ m/s e $v_i = 1{,}2 \cdot 10^4$ m/s, le velocità finali sono:

$$\begin{cases} v_f = 1{,}2 \cdot 10^4 + 2 \cdot 3{,}0 \cdot 10^4 = 7{,}2 \cdot 10^4 \text{ m/s} \\ V_f = 3{,}0 \cdot 10^4 \dfrac{m}{s} \end{cases}$$

5.7 Pendolo balistico (urto completamente anelastico)

Il pendolo balistico è un sistema che può essere utilizzato per determinare la velocità di un proiettile. Esso è costituito da una massa di un proiettile m_1 che viaggia ad una velocità iniziale v_{1i} e da una massa m_2 (un blocco di legno) fermo ($v_{2i} = 0$ m/s) ed appeso ad una corda, di lunghezza L, a formare un pendolo.

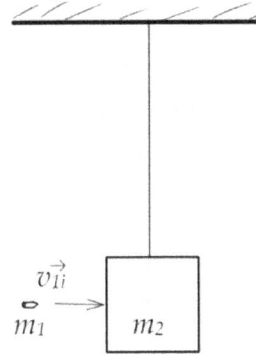 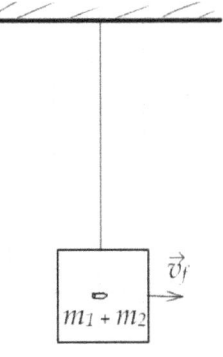

Rappresentiamo il pendolo balistico un istante prima dell'urto (fig. a sinistra) ed un istante dopo l'urto (fig. a destra).
Poiché si tratta di

un urto completamente anelastico (l'energia cinetica non si conserva nell'urto) possiamo applicare soltanto il principio di conservazione della quantità di moto (le due masse dopo l'urto diventano un tutt'uno):

$$m_1 v_{1i} + m_2 v_{2i} = (m_1 + m_2) v_f$$

Tenendo conto che $v_{2i} = 0$, possiamo ricavare la velocità finale (un istante dopo l'urto):

$$v_f = \frac{m_1}{m_1 + m_2} v_{1i}$$

Dopo l'urto abbiamo una massa $(m_1 + m_2)$ che parte con velocità v_f e quindi ha un'energia cinetica $K = \frac{1}{2}(m_1 + m_2)v_f^2$. Tale energia cinetica farà alzare il pendolo di un'altezza h e si trasformerà, per il principio di conservazione dell'energia, in energia potenziale gravitazionale:

$$\frac{1}{2}(m_1 + m_2)v_f^2 = (m_1 + m_2)gh \Longrightarrow v_f = \sqrt{2gh}$$

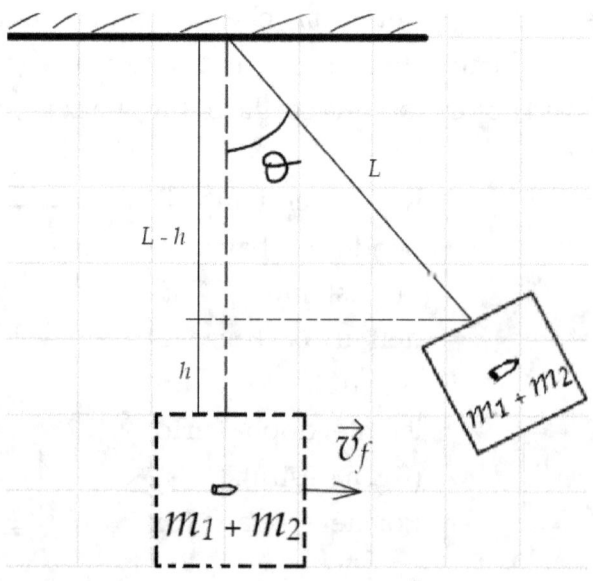

Poiché abbiamo trovato che
$$v_f = \frac{m_1}{m_1 + m_2} v_{1i} \quad \text{e che} \quad v_f = \sqrt{2gh}$$

possiamo uguagliare e ricavare la velocità del proiettile:
$$\frac{m_1}{m_1 + m_2} v_{1i} = \sqrt{2gh} \Rightarrow v_{1i} = \frac{m_1 + m_2}{m_1} \sqrt{2gh}$$

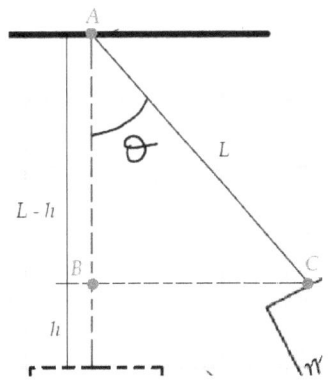

Un altro modo di procedere è utilizzare l'angolo θ, che la corda forma con la verticale, al posto dell'altezza h. In questo caso si considera il triangolo ABC (ed in particolare i lati AB e AC):
$$L - h = L \cos(\vartheta) \Rightarrow$$
$$\Rightarrow h = L - L \cos(\vartheta) \Rightarrow$$
$$\Rightarrow h = L(1 - \cos(\vartheta))$$

Sostituendo nella velocità iniziale del proiettile:
$$v_{1i} = \frac{m_1 + m_2}{m_1} \sqrt{2gh} \Rightarrow$$
$$\Rightarrow v_{1i} = \frac{m_1 + m_2}{m_1} \sqrt{2gL(1 - \cos(\vartheta))}$$

È importante ricordare che queste formule finali non si imparano a memoria ma si ricavano partendo dalle conoscenze di base (urti, principio di conservazione della quantità di moto, principio di conservazione dell'energia, definizione delle funzioni goniometriche).

5.8 Urto obliquo (urto elastico)

Consideriamo una palla da biliardo di massa m che colpisce la sponda con una direzione che forma un angolo α di 40° con la verticale e che, come mostra la figura, rimbalza in una direzione che forma con la verticale un angolo congruente (è come la legge sulla riflessione di Snell-Cartesio in ottica geometrica).

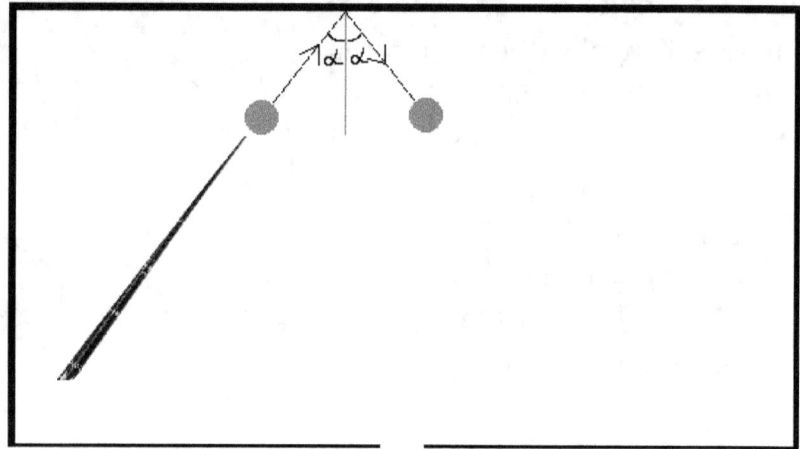

La palla, prima dell'urto, ha una velocità $\vec{v}_i$ che possiamo scomporre lungo gli assi cartesiani nelle componenti $\vec{v}_{ix}$ e $\vec{v}_{iy}$.

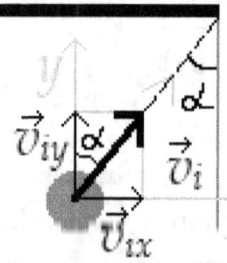

La componente orizzontale ($\vec{v}_{ix}$) non cambierà, la componente verticale (la cui quantità di moto è $\vec{p}_{iy} = m\vec{v}_{iy}$) effettuerà un urto contro un bersaglio massiccio; ciò comporterà il cambio del verso della quantità di moto $\vec{p}_{iy}$ e quindi del vettore velocità lungo l'asse y (il modulo non cambia: $|\vec{v}_{iy}| = |\vec{v}_{fy}|$):

$$\vec{v}_{fy} = -\vec{v}_{iy}$$

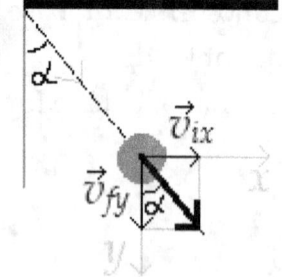

5.9 Urto elastico in due dimensioni

Consideriamo due palle di massa m_1 e m_2 che si muovono nel piano con velocità $\vec{v}_{1i}$ e $\vec{v}_{2i}$ come in figura:

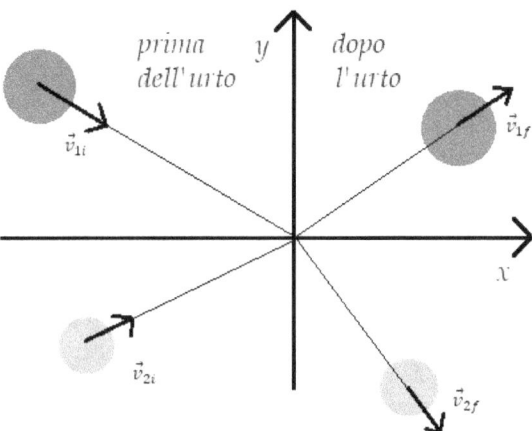

In questo caso, le equazioni che regolano l'urto riguardano il principio di conservazione della quantità di moto lungo l'asse x, il principio di conservazione della quantità di moto lungo l'asse y ed il principio di conservazione dell'energia cinetica:

$$\begin{cases} m_1 v_{1i\,x} + m_2 v_{2i\,x} = m_1 v_{1f\,x} + m_2 v_{2f\,x} \\ m_1 v_{1i\,y} + m_2 v_{2i\,y} = m_1 v_{1f\,y} + m_2 v_{2f\,y} \\ \frac{1}{2} m_1 v_{1i}^2 + \frac{1}{2} m_2 v_{2i}^2 = \frac{1}{2} m_1 v_{1f}^2 + \frac{1}{2} m_2 v_{2f}^2 \end{cases}$$

Nell'ipotesi di conoscere le quattro componenti inziali delle velocità, abbiamo 3 equazioni in 4 incognite ($v_{1f\,x}, v_{2f\,x}, v_{1f\,y}, v_{2f\,y}$) e non possiamo risolverlo se non abbiamo una quarta informazione.

Un caso più semplice, che ci consente di ricavare delle informazioni su cosa accade dopo l'urto, si ha quando $m_1 = m_2 = m$ **e la seconda palla è ferma** ($v_{2i} = 0$).

Si possono verificare due casi a seconda che il vettore $\vec{v}_{1i}$ si trovi o meno sulla congiungente le due masse.

Se il vettore $\vec{v}_{1i}$ si trova sulla congiungente le due masse, la prima massa si ferma ($v_{2f} = 0$) e la seconda prosegue lungo la retta che contiene la congiungente con la stessa velocità iniziale della prima massa (come avviene nel caso già analizzato di proiettile e bersaglio con la stessa massa (urto elastico unidimensionale)): $v_{2f} = v_{1i}$.

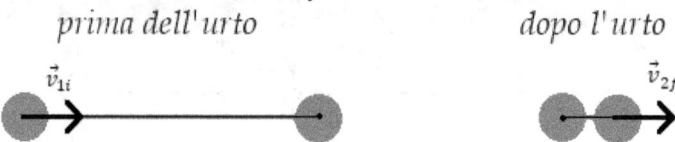

Se il vettore $\vec{v}_{1i}$ non si trova sulla congiungente le due masse

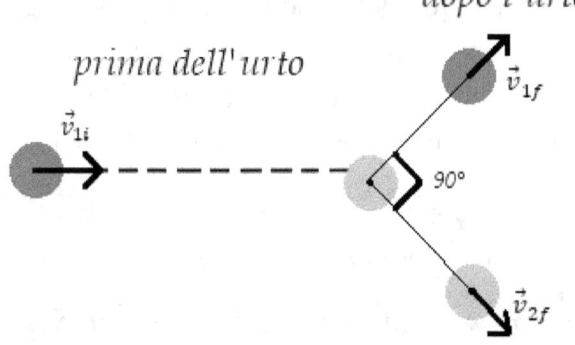

l'**urto è obliquo** e se scriviamo le leggi di conservazione (della quantità di moto e dell'energia cinetica) con la notazione vettoriale, otteniamo:

$$\begin{cases} m\vec{v}_{1i} = m\vec{v}_{1f} + m\vec{v}_{2f} \\ \frac{1}{2}m\vec{v}_{1i}^2 = \frac{1}{2}m\vec{v}_{1f}^2 + \frac{1}{2}m\vec{v}_{2f}^2 \end{cases} \Rightarrow \begin{cases} \vec{v}_{1i} = \vec{v}_{1f} + \vec{v}_{2f} \\ \vec{v}_{1i}^2 = \vec{v}_{1f}^2 + \vec{v}_{2f}^2 \end{cases} \Rightarrow$$

Eleviamo al quadrato ambo i membri della prima equazione:

$$(\vec{v}_{1i})^2 = (\vec{v}_{1f} + \vec{v}_{2f})^2 \Longrightarrow \vec{v}_{1i}^2 = \vec{v}_{1f}^2 + 2\vec{v}_{1f} \cdot \vec{v}_{2f} + \vec{v}_{2f}^2$$

$$\Longrightarrow \begin{cases} \vec{v}_{1i}^2 = \vec{v}_{1f}^2 + \vec{v}_{2f}^2 + 2\vec{v}_{1f} \cdot \vec{v}_{2f} \\ \vec{v}_{1i}^2 = \vec{v}_{1f}^2 + \vec{v}_{2f}^2 \end{cases}$$

Affinché il sistema non risulti impossibile, deve essere:
$$\vec{v}_{1f} \cdot \vec{v}_{2f} = 0 \Longrightarrow v_{1f} v_{2f} \cos(\vartheta) = 0$$
Ci sono due possibilità:
- $v_{1f} = 0$: questo accade se $\vec{v}_{1i}$ si trova sulla congiungente le due masse;
- $\vartheta = 90°$: le due direzioni dopo l'urto dovranno essere perpendicolari.

Null'altro possiamo dire sulle due direzioni delle due palle dopo l'urto obliquo.

5.10 Centro di massa

Lo studio del moto di un sistema formato da più corpi (ad esempio un mazzo di chiavi) o di un corpo esteso può essere complicato. Può invece essere semplice studiare il moto di un punto rappresentativo di tutto il sistema (o del corpo esteso), tale punto prende il nome di **centro di massa CM** ed è il punto in cui possiamo ritenere concentrata tutta la massa. Per un oggetto simmetrico con densità uniforme, il centro di massa coincide con il centro geometrico dell'oggetto. Per oggetti di forma irregolare o con distribuzione di massa non uniforme, il centro di massa può trovarsi in un punto diverso dal centro geometrico e, in alcuni casi, può anche trovarsi all'esterno del corpo.
Nel lancio di una chiave i vari punti avranno un moto

complesso mentre se andiamo ad osservare il centro di massa esso avrà una classica traiettoria parabolica:

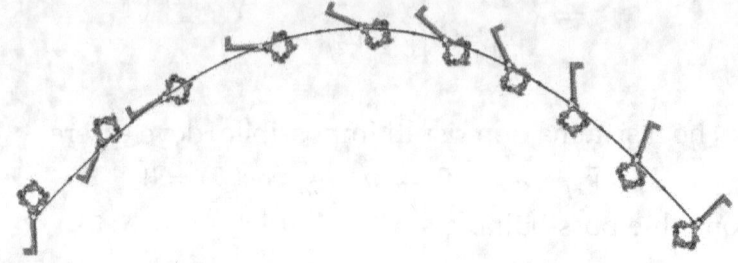

Il centro di massa di un sistema di particelle si determina tramite una media pesata delle posizioni delle singole particelle, dove i pesi sono le masse delle particelle stesse. Consideriamo ad esempio tre masse disposte nel piano:

- $m_1 = 10\ kg$ in $(-4,0;\ 0)$;
- $m_2 = 20\ kg$ in $(-2,0;\ 2,0)$;
- $m_3 = 15\ kg$ in $(4,0;\ 0)$.

$$x_{CM} = \frac{m_1 x_1 + m_2 x_2 + m_3 x_3}{m_1 + m_2 + m_3} = \frac{10 \cdot (-4) + 20 \cdot (-2) + 15 \cdot 4}{10 + 20 + 15}$$

$$x_{CM} = -\frac{4}{9} \simeq -0{,}44\ m$$

$$y_{CM} = \frac{m_1 y_1 + m_2 y_2 + m_3 y_3}{m_1 + m_2 + m_3} = \frac{10 \cdot 0 + 20 \cdot 2 + 15 \cdot 0}{10 + 20 + 15}$$

$$y_{CM} = \frac{40}{45} = \frac{8}{9} \simeq 0{,}89\ m$$

Si osservi che le coordinate del centro di massa dipendono dal sistema di riferimento scelto. Infatti, scegliendo un altro sistema di riferimento, coincidente con la massa m_1, i calcoli si semplificano un po' in quanto sia x_1 che y_1 sono nulli:

- $m_1 = 10\ kg$ in $(0;\ 0)$;
- $m_2 = 20\ kg$ in $(2{,}0;\ 2{,}0)$;
- $m_3 = 15\ kg$ in $(8{,}0;\ 0)$.

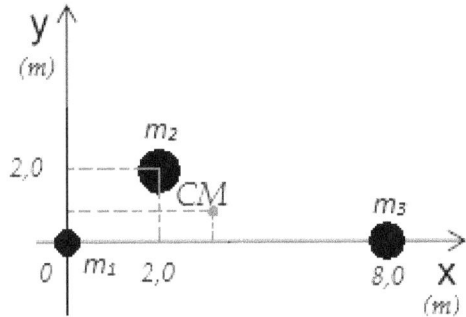

$$x_{CM} = \frac{m_1 x_1 + m_2 x_2 + m_3 x_3}{m_1 + m_2 + m_3} = \frac{10 \cdot 0 + 20 \cdot 2 + 15 \cdot 8}{10 + 20 + 15} \Rightarrow$$

$$\Rightarrow x_{CM} = \frac{32}{9} \simeq 3{,}6\ m$$

$$y_{CM} = \frac{m_1 y_1 + m_2 y_2 + m_3 y_3}{m_1 + m_2 + m_3} = \frac{10 \cdot 0 + 20 \cdot 2 + 15 \cdot 0}{10 + 20 + 15} \Rightarrow$$

$$\Rightarrow y_{CM} = \frac{40}{45} = \frac{8}{9} \simeq 0{,}89\ m$$

In generale, per un sistema di n masse disposte nello spazio:

$$x_{CM} = \frac{m_1 x_1 + m_2 x_2 + \cdots + m_n x_n}{m_1 + m_2 + \cdots + m_n}$$

$$y_{CM} = \frac{m_1 y_1 + m_2 y_2 + \cdots + m_n y_n}{m_1 + m_2 + \cdots + m_n}$$

$$z_{CM} = \frac{m_1 z_1 + m_2 z_2 + \cdots + m_n z_n}{m_1 + m_2 + \cdots + m_n}$$

Cioè:

$$x_{CM} = \frac{\sum_{i=1}^{n}(m_i x_i)}{\sum_{i=1}^{n} m_i} \qquad y_{CM} = \frac{\sum_{i=1}^{n}(m_i y_i)}{\sum_{i=1}^{n} m_i} \qquad z_{CM} = \frac{\sum_{i=1}^{n}(m_i z_i)}{\sum_{i=1}^{n} m_i}$$

Consideriamo due palle di massa m_1 e m_2 che si muovono nel piano con velocità $\vec{v}_{1i}$ e $\vec{v}_{2i}$ come in figura. Le masse si urtano elasticamente, il centro di massa CM si muoverà di moto rettilineo uniforme prima e dopo l'urto:

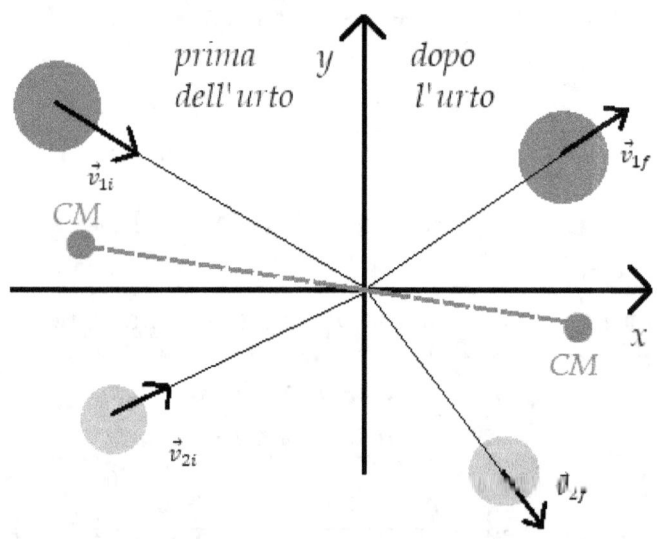

SINTESI: la quantità di moto

Quantità di moto: $\vec{p} = m\vec{v}$ $\left(kg \cdot \frac{m}{s}\right)$.

Teorema dell'impulso: $\vec{I} = \Delta \vec{p}$ dove l'impulso $\vec{I} = \vec{F}_{tot}\Delta t$.

Forza interna a un sistema: forza esercitata da un corpo del sistema su un altro corpo del sistema. $\sum \vec{F}_{int} = 0$

Forza esterna a un sistema: forza esercitata da un corpo esterno al sistema su un corpo del sistema.

Se la somma delle forze esterne è nulla (o trascurabile rispetto a quelle interne) vale il **principio di conservazione della quantità di moto**: $\Delta \vec{p}_{tot} = 0$ cioè $\vec{p}_{tot\,i} = \vec{p}_{tot\,f}$.

Un **urto** è un "contatto" (un'interazione) tra due corpi per un certo intervallo di tempo Δt. In un urto si conserva la quantità di moto; possono esserci tre casi:

- **urto elastico** $\left(K_{tot\,i} = K_{tot\,f}\right)$ quando si conserva l'energia cinetica;
- **urto anelastico** $\left(K_{tot\,i} > K_{tot\,f}\right)$ quando non si conserva l'energia cinetica e l'energia cinetica finale è minore di quella iniziale;
  - se dopo l'urto i corpi rimangono attaccati si parla di **urto completamente anelastico** (ad es. pendolo balistico);
- **urto esplosivo** $\left(K_{tot\,i} < K_{tot\,f}\right)$ quando non si conserva l'energia cinetica e l'energia cinetica finale è maggiore di

quella iniziale.

Urto elastico unidimensionale: $\begin{cases} v_{1f} = \frac{m_1-m_2}{m_1+m_2}v_{1i} + \frac{2m_2}{m_1+m_2}v_{2i} \\ v_{2f} = \frac{2m_1}{m_1+m_2}v_{1i} + \frac{m_2-m_1}{m_1+m_2}v_{2i} \end{cases}$

Proiettile e bersaglio con la stessa massa: le velocità si scambiano.

Proiettile massiccio: $\begin{cases} v_{1f} = v_{1i} \\ v_{2f} = 2v_{1i} - v_{2i} \end{cases}$

Bersaglio massiccio: $\begin{cases} v_{1f} = -v_{1i} \\ v_{2f} = 0 \end{cases}$

Fionda gravitazionale: $\begin{cases} v_f = v_{1i} + 2V_i \\ V_f = V_i \end{cases}$

Pendolo balistico: $v_f = \frac{m_1}{m_1+m_2}v_{1i}$

e **velocità del proiettile:** $v_{1i} = \frac{m_1+m_2}{m_1}\sqrt{2gh}$

$$v_{1i} = \frac{m_1+m_2}{m_1}\sqrt{2gL(1-cos(\vartheta))}$$

Urto obliquo: $\vec{v}_{fy} = -\vec{v}_{iy}$

Urto elastico in due dimensioni ($m_1 = m_2 = m$ e la seconda palla è ferma): i vettori velocità dopo l'urto formano un angolo di 90° ($\vec{v}_{1f} \cdot \vec{v}_{2f} = 0$).

Centro di massa: $x_{CM} = \frac{m_1 x_1 + m_2 x_2 + \cdots + m_n x_n}{m_1 + m_2 + \cdots + m_n}$;

$y_{CM} = \frac{m_1 y_1 + m_2 y_2 + \cdots + m_n y_n}{m_1 + m_2 + \cdots + m_n}$; $z_{CM} = \frac{m_1 z_1 + m_2 z_2 + \cdots + m_n z_n}{m_1 + m_2 + \cdots + m_n}$.

DINAMICA DEI CORPI IN ROTAZIONE

6 Moto rotatorio

6.1 Angoli

La posizione di un punto che si muove di moto circolare può essere individuata con delle coordinate cartesiane o mediante il raggio r e la posizione angolare ϑ (coordinate polari).

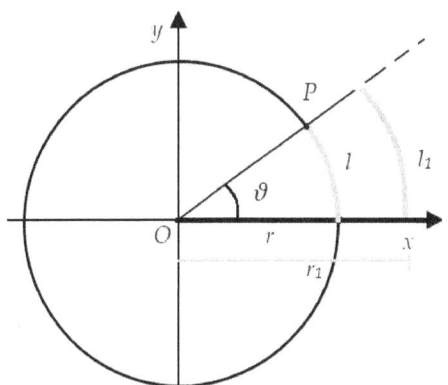

Generalmente si prende il verso antiorario come posizione angolare positiva (rispetto al semiasse positivo delle x).

L'ampiezza dell'angolo ϑ viene espressa in **radianti** (*rad*). Per comprendere cos'è un radiante osserviamo che il rapporto tra l'arco ed il raggio è costante: $\frac{l}{r} = \frac{l_1}{r_1} = cost$; tale costante rappresenta l'ampiezza dell'angolo in radianti (*rad*). **L'angolo in radianti è una misura dell'angolo definita come il rapporto tra la lunghezza dell'arco sotteso dall'angolo e il raggio della circonferenza**:

$$\boldsymbol{\vartheta = \frac{l}{r}\ (rad)}$$

Si osservi che l'arco di circonferenza l si misura in metri, il raggio r si misura in metri, il rapporto $\vartheta = \frac{l}{r}$ è un numero puro (a cui viene assegnato l'indicazione "*rad*" per evitare ambiguità).

Alcuni esempi di angoli in radianti sono:
- l'angolo corrispondente all'intera circonferenza (angolo giro 360°) è: $\vartheta_{rad} = \frac{l}{r} = \frac{2\pi r}{r} = 2\pi \ (rad)$;
- l'angolo corrispondente a metà circonferenza (angolo piatto 180°) è: $\vartheta_{rad} = \frac{l}{r} = \frac{\frac{1}{2}\cdot 2\pi r}{r} = \pi \ (rad)$;
- l'angolo corrispondente ad un quarto di circonferenza (angolo retto 90°) è: $\vartheta_{rad} = \frac{l}{r} = \frac{\frac{1}{4}\cdot 2\pi r}{r} = \frac{\pi}{2} \ (rad)$.

A volte l'angolo viene assegnato in gradi (°) e per trasformarlo in radianti si fa ricorso ad una semplice proporzione:

$$\vartheta° : \vartheta^{rad} = 180° : \pi$$

Ad esempio: a quanti radianti corrisponde un angolo di 45°?

$$45° : \vartheta^{rad} = 180° : \pi \Rightarrow \vartheta^{rad} = \frac{45°}{180°}\pi = \frac{\pi}{4}$$

Infatti se $\frac{\pi}{2}$ corrisponde a 90°, $\frac{1}{2}\frac{\pi}{2} = \frac{\pi}{4}$ corrisponde a $\frac{1}{2} 90° = 45°$.

Alcuni angoli fondamentali da ricordare sono:

gradi	360°	180°	90°	60°	45°	30°
radianti	2π	π	$\frac{\pi}{2}$	$\frac{\pi}{3}$	$\frac{\pi}{4}$	$\frac{\pi}{6}$

6.2 Corpo rigido e moto rotatorio

Un **corpo** si dice **rigido** quando la distanza fra ogni possibile coppia di punti rimane costante (o, in maniera equivalente, quando la deformazione causata da forze è trascurabile).

Come vedremo in maniera più approfondita nel paragrafo "Moto di rotolamento", quando tutti i punti di un corpo (rigido) percorrono traiettorie parallele con la stessa velocità si parla di **moto traslatorio** (o di traslazione). Quando tutti i punti di un corpo (rigido) percorrono traiettorie circolari sullo stesso asse di rotazione si parla di **moto rotatorio**. Se consideriamo un qualunque punto del corpo rigido durante un moto rotatorio osserviamo che percorre una circonferenza (o un arco di circonferenza) con le caratteristiche di un **moto circolare** (moto di un corpo che si muove lungo una circonferenza).

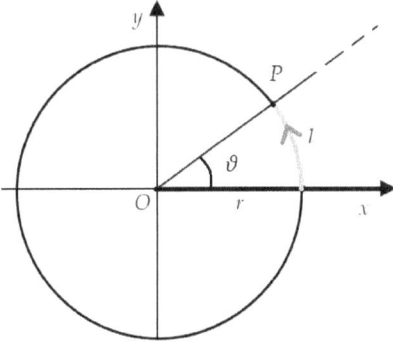

6.3 Cinematica rotazionale

Consideriamo un punto materiale che, muovendosi lungo una circonferenza di raggio r, all'istante t_1 si trovi in P (posizione ϑ_1) e all'istante t_2 si trovi in Q (posizione ϑ_2). La variazione della sua

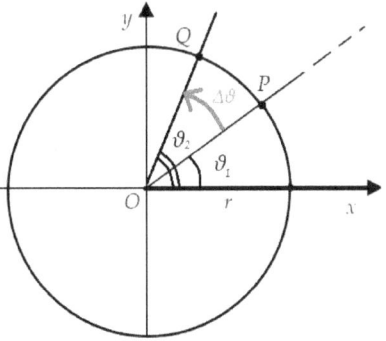

posizione angolare (**spostamento angolare**) è: $\Delta\vartheta = \vartheta_2 - \vartheta_1$.

La velocità con cui avviene questo spostamento angolare nel tempo è detta **velocità angolare media**:

$$\bar{\omega} = \frac{\vartheta_2 - \vartheta_1}{t_2 - t_1} = \frac{\Delta\vartheta}{\Delta t} \quad \left(\frac{rad}{s}\right)$$

Se Δt è molto piccolo (tende a zero) la velocità angolare media tende alla **velocità angolare istantanea** $\omega = \frac{\Delta\vartheta}{\Delta t}$. In maniera più formale si scrive $\omega = \lim_{\Delta t \to 0} \frac{\Delta\vartheta}{\Delta t}$ e si legge "omega è uguale al limite, per delta t che tende a zero, di delta teta rispetto a delta t".

Quando un corpo rigido ruota intorno ad un asse fisso la **velocità angolare del corpo rigido** corrisponde alla velocità angolare.

Quando la velocità angolare è costante (ω = *cost*), la velocità angolare media ed istantanea coincidono. In tal caso si parla di **moto circolare uniforme**.

Se durante il moto circolare il punto materiale cambia la sua velocità angolare ω, esso sarà soggetto ad una **accelerazione angolare media**:

$$\bar{\alpha} = \frac{\omega_2 - \omega_1}{t_2 - t_1} = \frac{\Delta\omega}{\Delta t} \quad \left(\frac{rad}{s^2}\right)$$

Se Δt è molto piccolo (tende a zero) l'accelerazione angolare media tende all'**accelerazione angolare istantanea** $\alpha = \frac{\Delta\omega}{\Delta t}$ (in maniera formale: $\alpha = \lim_{\Delta t \to 0} \frac{\Delta\omega}{\Delta t}$).

Quando i punti di un corpo rigido ruotano di <u>moto circolare uniforme</u>, possiamo utilizzare i concetti di:
- **periodo T**: tempo impiegato dal corpo a compiere un giro

completo e si misura in secondi (s);
- **frequenza** f: numero di giri che un corpo effettua in un secondo e si misura in hertz (Hz o s^{-1}). Frequenza e periodo sono legati dalla seguente relazione:

$$T = \frac{1}{f}$$

Poiché la velocità angolare è $\omega = \frac{\Delta\vartheta}{\Delta t}$, se considero un giro completo l'angolo varierà di $\Delta\vartheta = 2\pi$ ed il tempo impiegato a fare l'intero giro sarà $\Delta t = T$. Perciò la **velocità angolare** è:

$$\omega = \frac{\Delta\vartheta}{\Delta t} \Rightarrow \omega = \frac{2\pi}{T} \text{ o } \omega = 2\pi f$$

6.4 Relazioni fra grandezze angolari e grandezze lineari

Consideriamo un punto materiale che si muove su una traiettoria circolare di raggio r con una velocità $\vec{v}$. Tale vettore è tangente alla traiettoria perciò è perpendicolare al raggio. Per definizione, la velocità media è $\bar{v} = \frac{\Delta s}{\Delta t}$; se il punto materiale percorre un arco di circonferenza l:

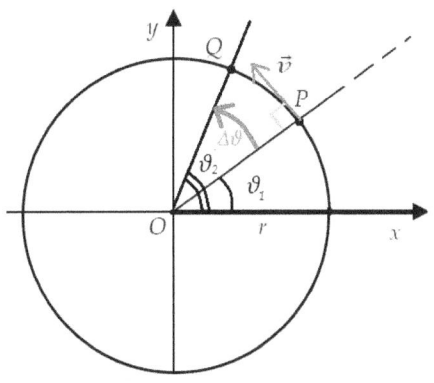

$$\bar{v} = \frac{\Delta s}{\Delta t} = \frac{l}{\Delta t}$$

Per definizione di angolo in radianti sappiamo che:

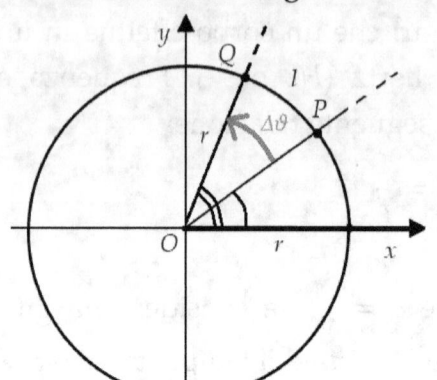

$$\Delta\vartheta = \frac{l}{r} => l = r\Delta\vartheta$$

Sostituendo nella velocità media:

$$\bar{v} = \frac{l}{\Delta t} = r\frac{\Delta\vartheta}{\Delta t}$$

Ma per definizione di velocità angolare media $\left(\bar{\omega} = \frac{\Delta\vartheta}{\Delta t}\right)$:

$$\bar{v} = r\frac{\Delta\vartheta}{\Delta t} \Rightarrow \bar{v} = \bar{\omega}\, r$$

Tale relazione vale anche per Δt che tende a zero (cioè per le velocità istantanee):

$$\boxed{v = \omega\, r}$$

Se la velocità angolare ω è costante il modulo della velocità tangenziale v sarà costante e l'accelerazione tangenziale sarà nulla. Si osservi però che il vettore velocità $\vec{v}$ cambia continuamente direzione $\left(\frac{\Delta\vec{v}}{\Delta t} \neq \vec{0}\right)$, quindi ci sarà comunque un vettore accelerazione (che chiameremo accelerazione centripeta).

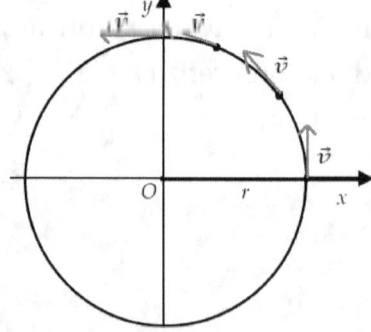

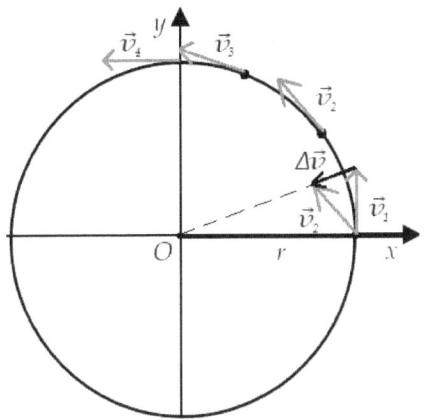

Poiché il vettore $\Delta \vec{v}$ punta verso il centro della circonferenza, anche il vettore $\vec{a}$ punta verso il centro della circonferenza ($\Delta t > 0$). Perciò tale accelerazione è detta anche **accelerazione centripeta** $\vec{a}_c$. Per comprendere qual è il suo modulo, consideriamo nuovamente un punto materiale che si muove con velocità angolare costante lungo una circonferenza di raggio r.:

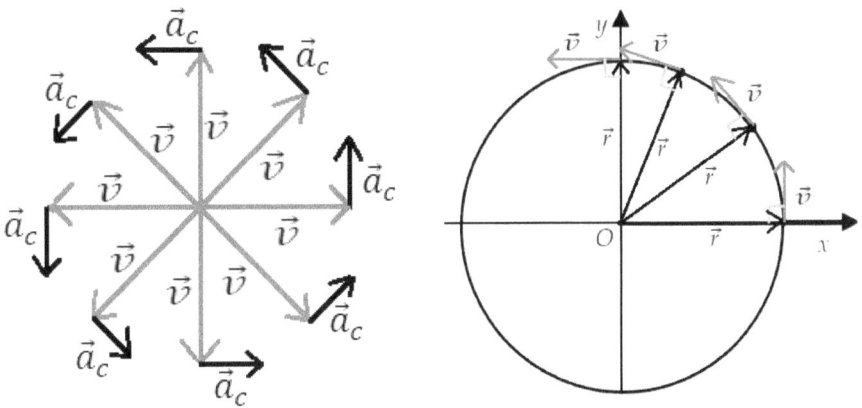

Osserviamo che il vettore $\vec{r}$ ruota intorno ad un punto O, il vettore $\vec{v}$ è perpendicolare al vettore $\vec{r}$ e la relazione tra questi due vettori è: $v = \omega\, r$. Posizioniamo il vettore $\vec{v}$, della figura di sopra, tutti nello stesso punto (figura a sinistra) ed osserviamo che la sua punta compie un giro completo (come il vettore $\vec{r}$); inoltre il vettore accelerazione $\vec{a}_c$, essendo diretto verso il centro è parallelo al vettore $\vec{r}$ cioè è perpendicolare al vettore $\vec{v}$. I vettori $\vec{v}$ ed $\vec{a}_c$ si trovano nella stessa situazione dei vettori $\vec{r}$ e $\vec{v}$. Perciò la relazione tra $\vec{v}$ e $\vec{a}_c$ sarà:

$$\boxed{a_c = \omega v}$$

Poiché $v = \omega r$ o $\omega = \frac{v}{r}$ ci sono altri due modi di esprimere tale relazione:

$$a_c = \omega \; \overset{\omega r}{\tilde{v}} \Rightarrow a_c = \omega \, \omega r \Rightarrow \boxed{a_c = \omega^2 r}$$

$$a_c = \overset{\frac{v}{r}}{\tilde{\omega}} \, v \Rightarrow a_c = \frac{v}{r} v \Rightarrow \boxed{a_c = \frac{v^2}{r}}$$

Ricordiamo che la legge oraria di un punto materiale che si muove di moto rettilineo uniforme è:

$$x = x_0 + v\Delta t$$

Nel caso di moto circolare uniforme abbiamo una formula equivalente:

$$\vartheta = \vartheta_0 + \omega \Delta t$$

La legge oraria e la legge delle velocità di un punto materiale che si muove di moto rettilineo uniformemente accelerato sono:

$$x = x_0 + v_0 \Delta t + \frac{1}{2} a \Delta t^2$$
$$v = v_0 + a \Delta t$$

Nel caso di moto circolare con accelerazione angolare α costante:

$$\vartheta = \vartheta_0 + \omega_0 \Delta t + \frac{1}{2} \alpha \Delta t^2$$
$$\omega = \omega_0 + \alpha \Delta t$$

Le relazioni del moto circolare sono facili da ricordare, basta ricordare quelle di traslazione e fare le seguenti sostituzioni:

$$x \to \vartheta \qquad v \to \omega \qquad a \to \alpha$$

Curiosità: Il concetto di accelerazione centripeta $a_c = \frac{v^2}{r}$ è stato formulato dal matematico, fisico e astronomo olandese **Christiaan Huygens** (1629 - 1695) nel 1659; egli descrisse matematicamente la forza centripeta ($F_c = ma_c$) come quella forza che agisce su un corpo in moto circolare e lo mantiene su una traiettoria curvilinea, rivolta verso il centro della circonferenza lungo il quale il corpo si muove.

Inoltre Huygens basandosi sugli studi di Galileo, il quale osservò che il periodo di oscillazione di un pendolo, per piccole oscillazioni, era costante (indipendentemente dall'ampiezza) e che dipendeva solo dalla lunghezza del pendolo, pubblicò nel 1673 il trattato "Horologium Oscillatorium sive de motu pendulorum," in cui descrisse in dettaglio il funzionamento del pendolo e dell'orologio a pendolo, tra cui la famosa formula $T = 2\pi\sqrt{\frac{L}{g}}$. Nel 1690 pubblicò "Traité de la Lumière," dove presentò la teoria ondulatoria della luce, in contrasto con la teoria corpuscolare di Newton.

Osservazione: nel caso di un moto **non** circolare uniforme, oltre che un'accelerazione centripeta ci sarà anche un'accelerazione tangenziale:

$$a_t = \frac{\Delta v}{\Delta t}$$

Poiché $v = \omega\, r$, r è costante e $\alpha = \Delta\omega/\Delta t$:

$$a_t = \frac{\Delta \overset{\omega r}{\widetilde{v}}}{\Delta t} \Rightarrow a_t = \frac{\Delta(\omega\, r)}{\Delta t} \Rightarrow a_t = \frac{\overset{\alpha}{\widetilde{\Delta\omega}}}{\Delta t} r \Rightarrow \boxed{a_t = \alpha\, r}$$

7 Moto di rotolamento

Consideriamo la ruota di un carro di raggio r che rotola senza strisciare e consideriamo un punto P come in figura che si sposta in un tempo Δt; soltanto quando la ruota rotola senza strisciare, la relazione tra la velocità angolare ω e la velocità tangenziale v è:

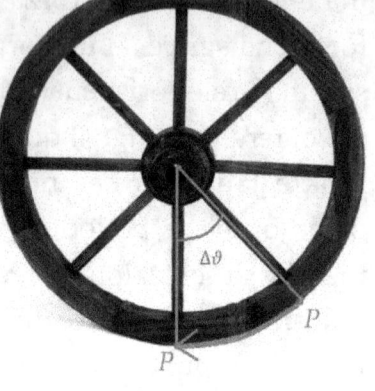

$$v = \omega\, r$$

dove $\omega = \frac{\Delta \vartheta}{\Delta t}$.

Infatti, quando il punto P fa un giro completo avrà percorso un tratto $\Delta s = 2\pi r$ in un tempo $\Delta t = T$, perciò la velocità tangenziale sarà:

$$v = \frac{\Delta s}{\Delta t} = \frac{2\pi r}{T} = \frac{2\pi}{T} r = \omega\, r \Rightarrow v = \omega\, r$$

La condizione $\boxed{v = \omega\, r}$ è nota come **condizione di rotolamento**, cioè se la ruota trasla di $2\pi r$ in un tempo T vuol dire che la ruota ha fatto un giro completo. La condizione di rotolamento non è soddisfatta quando la strada è ghiacciata e la ruota slitta.

Se la velocità angolare varia nel tempo vale anche la seguente condizione:

$$a_c = \frac{\Delta v}{\Delta t} = \frac{\Delta(\omega\, r)}{\Delta t} = \frac{\Delta \omega}{\Delta t} r \Rightarrow \boxed{a_c = \alpha\, r}$$

Analizziamo i tre tipi di moto:

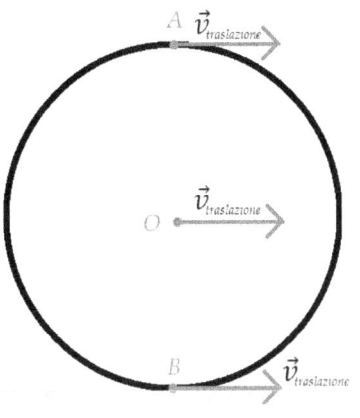

- moto di **traslazione**: nella traslazione tutti i punti hanno la stessa velocità (di traslazione);

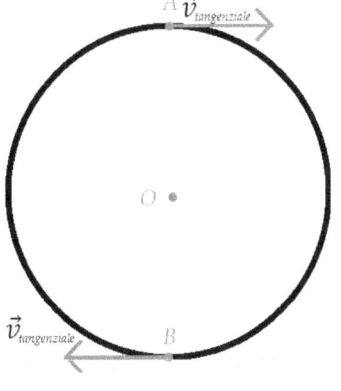

- moto di **rotazione**: nella rotazione i punti opposti A e B hanno velocità (tangenziale) opposte con lo stesso modulo: $v_{tangenziale} = \omega\, r$;

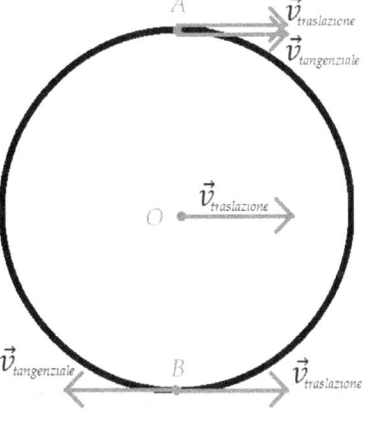

- moto di **rotolamento** (o moto rototraslatorio): poiché la ruota rotola senza strisciare vuol dire che ha un moto di traslazione e, contemporaneamente, di rotazione tale da soddisfare la condizione di rotolamento ($v = \omega\, r$). Quindi i punti A, O e B traslano verso destra come nel moto di traslazione (con una velocità di traslazione verso destra). I punti A e B hanno un moto di rotazione e quindi hanno una velocità tangenziale

($v_{tangenziale} = \omega\, r$) di verso opposto.
Complessivamente il punto B di contatto è soggetto a due velocità uguali e contrarie ed è, istante per istante, fermo (per via della forza di attrito statico); il centro O trasla con una velocità v (verso destra) e il punto A ha una velocità di traslazione ed una velocità tangenziale (uguali e concordi) che si sommano, quindi il punto A si muove complessivamente con velocità $2v$.

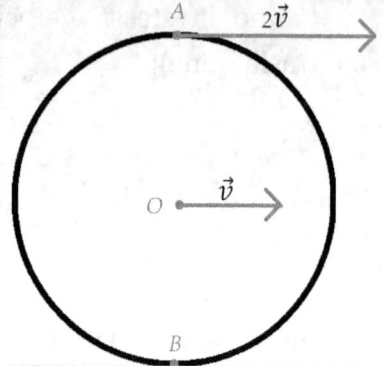

Osservazione: la condizione di rotolamento ci dice che, se la ruota sta rotolando senza strisciare, la velocità tangenziale $v_{tangenziale}$ alla circonferenza ($v_{tangenziale} = \omega\, r$) deve essere uguale alla velocità lineare v del centro O della ruota ($v = v_{tangenziale} = \omega\, r$) e ciò si traduce nella condizione di rotolamento:

$$v = \omega\, r$$

Perciò il punto superiore A (opposto al punto di contatto B) avrà una velocità tangenziale $\omega\, r$ e una velocità di traslazione v. Poiché $v = \omega\, r$, le due velocità nel punto A sono uguali e concordi, il punto A si muove con velocità $\omega\, r + \omega\, r = 2v$.
Si osservi anche che affinché ci possa essere la condizione di rotolamento, il punto B deve essere, istante per istante, fermo (per via della forza di attrito statico). Perciò **non può esserci la condizione di rotolamento su un piano completamente privo di attrito** (vedi esercizio svolto 8.6.2).

8 Dinamica rotazionale

La dinamica (lineare) si basa sostanzialmente sulla seconda legge della dinamica (si esplora come i corpi traslano): se applichiamo una forza ad un punto materiale di massa m essa accelera con accelerazione data da:

$$\vec{a} = \frac{\vec{F}}{m}$$

Nella dinamica rotazionale si esplora come i corpi rigidi ruotano intorno ad un asse e come le forze e i momenti di forze influiscono su questo moto. Si tratta di un'estensione naturale della dinamica (lineare).

8.1 Momento di una forza

Consideriamo un corpo rigido formato da un'asta che può ruotare rispetto ad una sua estremità O ed applichiamo una forza all'altra estremità. L'effetto 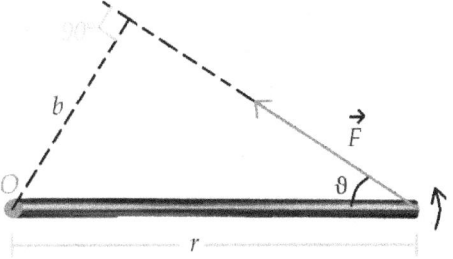 dell'applicazione di tale forza è una rotazione rispetto al punto O e dipende da una grandezza fisica vettoriale nota come **momento di una forza** (o **momento torcente**) di $\vec{F}$ rispetto ad O:

$$\boxed{\vec{M} = \vec{r} \times \vec{F}}$$

il cui modulo è:

$$M = F\,r\,\sin\vartheta$$

Tale vettore ha le seguenti caratteristiche:
- **modulo**: $M = F\,r\,\sin\vartheta\ (N\cdot m)$; dalla figura precedente osserviamo che il cateto b è pari a $r\sin\vartheta$ ($b = r\sin\vartheta$) e quindi il modulo del momento torcente può anche essere scritto in questo modo

$$M = F\,\overbrace{r\,\sin\vartheta}^{b} \Rightarrow \boldsymbol{M = F\,b}$$

dove b prende il nome di **braccio della forza**.
- **direzione**: perpendicolare al piano formato da $\vec{r}$ e da $\vec{F}$ (in questo caso si tratta del piano che contiene questo foglio);
- **verso**: regola della mano destra (paragrafo successivo).

Conoscere il concetto di momento di una forza è fondamentale quando due persone di massa diversa vanno al parco giochi sul **dondolo**.

Nella foto precedente c'è una bimba con una forza peso di $P_b = 200\ N$ ed il suo papà con una forza peso di $P_p = 800\ N$. Se il papà si sedesse nella stessa posizione della bimba avremmo sul lato sinistro un momento di forza quattro volte più piccolo di quello presente sul lato destro. L'effetto che si otterrebbe è di avere il papà con l'asta di legno che schiaccia la gomma e la bimba sollevata in aria. L'unica possibilità di giocare in modo equo a questo gioco è quello di cercare di avere, da ambo i lati, lo stesso momento di forza $M_b = P_b\, b_b = P_p\, b_p = M_p$. Perciò se $P_p = 4\, P_b$ allora il braccio di P_b deve essere 4 volte il braccio della forza peso del papà: $b_b = 4\, b_p$. In questo modo i due momenti di forza saranno equilibrati ed il papà e la figlia potranno giocare e divertirsi come due coetanei con lo stesso peso (come nella foto precedente).

8.2 Regola della mano destra

Il prodotto vettoriale e la regola della mano destra creano sempre forti perplessità negli studenti. Esistono tre modi diversi di applicare la regola della mano destra e determinare il verso del vettore ottenuto da un prodotto vettoriale.

Vogliamo determinare il vettore $\vec{c}$ ottenuto dal prodotto vettoriale di due vettori $\vec{a}$ e $\vec{b}$:

$$\vec{c} = \vec{a} \times \vec{b}$$

Il prodotto vettoriale non gode della proprietà commutativa cioè:

$$\vec{a} \times \vec{b} \neq \vec{b} \times \vec{a} \quad \text{perché} \quad \vec{a} \times \vec{b} = -\vec{b} \times \vec{a}$$

In $\vec{a} \times \vec{b}$, $\vec{a}$ è il primo vettore e $\vec{b}$ è il secondo vettore. Vediamo i tre metodi che è possibile utilizzare per determinare il verso di $\vec{c}$ (basta imparare bene uno solo dei metodi proposti):

Metodo del palmo della mano destra
- apri la mano destra;
- posiziona il pollice sul primo vettore $\vec{a}$;
- le altre quattro dita sul secondo vettore $\vec{b}$;
- il vettore $\vec{c}$ esce perpendicolarmente dal palmo della mano.

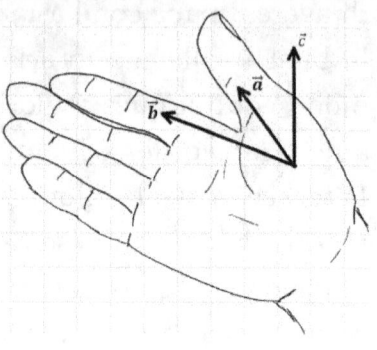

Metodo delle tre dita
- apri la mano destra, chiudi anulare e mignolino;
- posiziona il pollice sul primo vettore $\vec{a}$;
- l'indice sul secondo vettore $\vec{b}$;
- alza il medio che indica il verso del vettore $\vec{c}$.

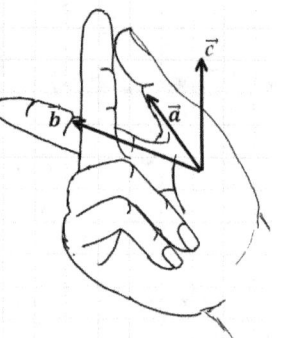

Metodo del cacciavite
- apri la mano destra;
- posiziona le dita (escluso il pollice) sul primo vettore $\vec{a}$ in modo da poter chiudere le quattro dita e riuscire a prendere la punta del secondo vettore $\vec{b}$;
- alza il pollice che indica il verso del vettore $\vec{c}$.

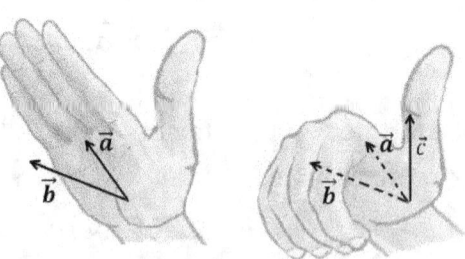

8.3 Momento d'inerzia e seconda legge della dinamica rotazionale

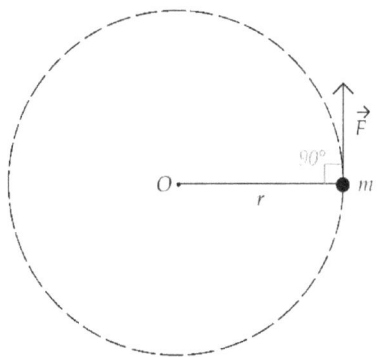

Consideriamo un corpo rigido formato da un'asta di lunghezza r (di massa trascurabile) che può ruotare rispetto ad una sua estremità O ed applichiamo una forza F all'altra estremità dove si trova una massa m che assimiliamo ad un punto materiale. Per semplicità applichiamo una forza F perpendicolarmente all'asta stessa. Dalla definizione di momento di forza sappiamo che:

$$M = F\, r \sin 90 \Rightarrow M = F\, r$$

Dalla seconda legge della dinamica (per la traslazione) sappiamo che $F = m\, a$, perciò:

$$M = \overset{ma}{\overrightarrow{F}}\, r \Rightarrow M = m\, a\, r$$

Dalla relazione tra l'accelerazione di traslazione e l'accelerazione angolare sappiamo che $a = \alpha\, r$, perciò:

$$M = m\, \overset{\alpha r}{\overrightarrow{a}}\, r \Rightarrow M = m\, \alpha\, r\, r \Rightarrow M = m\alpha r^2 \Rightarrow \alpha = \frac{M}{mr^2}$$

Cioè se applico una forza F ad una massa m posta ad una distanza r dall'asse di rotazione passante per O essa ha un'accelerazione angolare che è direttamente proporzionale a M ed inversamente proporzionale alla quantità mr^2. Quest'ultima è nota come **momento d'inerzia I** della massa m rispetto all'asse di rotazione passante per O:

$$\boxed{I = mr^2} \qquad (kg \cdot m^2)$$

La relazione $\alpha = \frac{M}{mr^2}$ può quindi anche essere scritta nel seguente modo:

$$\alpha = \frac{M}{I} \qquad \text{o} \qquad \boxed{M = I\,\alpha}$$

Così come la massa inerziale m rappresenta la capacità di un corpo di perseverare nel suo stato di quiete o di moto rettilineo uniforme ($v = cost$), il momento di inerzia I rappresenta la capacità di un corpo di perseverare nel suo stato di quiete o di moto circolare uniforme ($\omega = cost$). Considerando anche l'analogia tra l'accelerazione di traslazione a e quella angolare α, la relazione **$M = I\,\alpha$** rappresenta la **seconda legge della dinamica rotazionale** analoga al secondo principio della dinamica (di traslazione) $F = m\,a$.

Osservazione: dalla formula del momento di inerzia $I = mr^2$ osserviamo che l'inerzia rotazionale non dipende soltanto dalla massa m ma anche da come tale massa è distribuita rispetto all'asse di rotazione, in particolare dipende dal quadrato della sua distanza. Perciò mettere in rotazione un bilanciere è più difficile che mettere in rotazione un manubrio avente complessivamente la stessa massa.

Se il corpo è costituito da n masse, il momento di inerzia complessivo del corpo rigido è dato dalla somma dei singoli contributi:

$$I = I_1 + I_2 + \cdots + I_n = \sum_{i=1}^{n} I_i$$

o in maniera analoga

$$I = m_1 r_1^2 + m_2 r_2^2 + \cdots + m_n r_n^2 = \sum_{i=1}^{n}(m_i r_i^2)$$

Ad esempio il momento di inerzia, rispetto al punto O, formato da tre masse collegate da un'asta di massa trascurabile è:

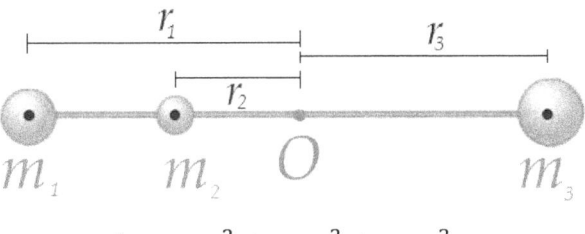

$$I = m_1 r_1^2 + m_2 r_2^2 + m_3 r_3^2$$

Si osservi che se cambiamo il punto (o l'asse) di rotazione cambiano le distanze e quindi cambia il momento d'inerzia.

Ad esempio il momento di inerzia di una palla da football calcolato rispetto ad un asse orizzontale è diverso da quello calcolato rispetto ad un asse verticale.

Per determinare il momento

di inerzia di un corpo rigido si suddivide tale corpo in tantissime piccole parti e si sommano i vari momenti di inerzia. Se suddividiamo in n parti la palla da football, possiamo notare che le varie masse sono più distanti dall'asse verticale rispetto all'asse orizzontale perciò sicuramente il momento di inerzia rispetto all'asse orizzontale è minore di quello calcolato rispetto all'asse verticale. Tale calcolo è tanto più preciso quanto maggiore è il numero n di parti considerate (ovvero per n che tende a $+\infty$). In tal caso la somma di infiniti addendi si determina con il calcolo integrale. Perciò ci limitiamo ad indicare i momenti di inerzia di alcuni corpi rigidi di massa m, lasciando la dimostrazione di tali risultati ai corsi universitari.

Corpo di massa m	Asse di rotazione	Oggetto	Momento di inerzia I
Anello, cilindro con pareti sottili	Asse dell'anello o del cilindro		$I = mr^2$
Disco o cilindro pieno	Asse del disco		$I = \dfrac{1}{2}mr^2$
Sfera piena	Asse passante per il centro (diametro)		$I = \dfrac{2}{5}mr^2$

Corpo di massa m	Asse di rotazione	Oggetto	Momento di inerzia I
Sfera cava (guscio sferico)	Asse passante per il centro (diametro)		$I = \dfrac{2}{3}mr^2$
Asta sottile di lunghezza L o lastra sottile	Retta perpendicolare all'asta e passante per il centro		$I = \dfrac{1}{12}mL^2$
Asta sottile di lunghezza L o lastra sottile	Retta perpendicolare all'asta e passante per un suo estremo		$I = \dfrac{1}{3}mL^2$

8.4 Momento angolare

Abbiamo visto che tra le grandezze lineari e le grandezze angolari ci sono delle relazioni:

$$x \to \vartheta, \quad v \to \omega, \quad a \to \alpha, \quad m \to I, \quad F = ma \to M = I\alpha$$

Esiste una grandezza analoga per la quantità di moto $\vec{p}$? La risposta è affermativa.
Consideriamo un punto materiale che abbia una certa quantità di moto $\vec{p} = m\vec{v}$

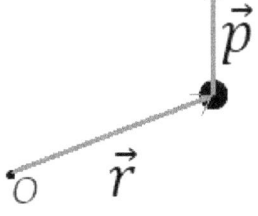

che si muove con una certa velocità $\vec{v}$ rispetto ad un punto O distante r. Il **momento angolare** $\vec{L}$ è il prodotto vettoriale tra il raggio vettore $\vec{r}$ e la quantità di moto $\vec{p}$:

$$\boxed{\vec{L} = \vec{r} \times \vec{p}}$$

Tale vettore ha le seguenti caratteristiche:

- **modulo**: $L = rp \sin \vartheta \quad \left(kg \frac{m^2}{s}\right)$;
- **direzione**: perpendicolare al piano formato da $\vec{r}$ e da $\vec{p}$;
- **verso**: regola della mano destra.

Il momento angolare di un sistema composto da n masse è la somma vettoriale dei singoli momenti:

$$\vec{L} = \vec{L}_1 + \vec{L}_2 + \cdots + \vec{L}_n = \sum_{i=1}^{n} \vec{L}_i$$

Consideriamo una massa m che può ruotare rispetto ad un punto O con una velocità $\vec{v}$ perpendicolare al raggio r. Il momento angolare di tale massa è:

$$L = rp \sin 90° \rightarrow L = rmv$$

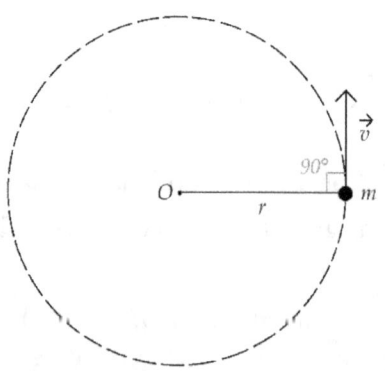

Poiché $v = \omega r$, il momento angolare diventa:

$$L = rm \overset{\omega r}{\vec{v}} \Rightarrow L = rm\omega r \Rightarrow L = \overset{I}{\overbrace{mr^2}} \omega \Rightarrow \boxed{L = I\omega}$$

È una relazione analoga a quella della quantità di moto:

$$p = mv \to L = I\,\omega$$

8.5 Teorema dell'impulso angolare e principio di conservazione del momento angolare

Nel paragrafo 2 (Relazione tra forza e quantità di moto) abbiamo visto il teorema dell'impulso $(\Delta\vec{p} = \vec{F}_{tot}\,\Delta t)$. Esiste un'analoga relazione tra la variazione del momento angolare $\Delta\vec{L}$ e il momento di una forza $\vec{M}$.

Supponiamo che una massa m si muova con una certa velocità $\vec{v}$ ad una certa distanza r da un punto di rotazione O. A causa dell'applicazione di un momento di una forza $\vec{M}$, il momento angolare varia da $\vec{L}$ a $\vec{L}'$. Determiniamo la variazione del momento angolare $\Delta\vec{L}$ nell'ipotesi di variazioni piccole ($\Delta\vec{r}$ e $\Delta\vec{v}$ sono entrambe molto piccole, il disegno non è in scala):

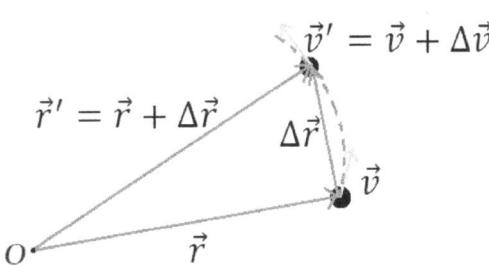

$$\Delta\vec{L} = \vec{L}' - \vec{L} = \vec{r}' \times \vec{p}' - \vec{r} \times \vec{p} = m\left(\overset{\vec{r}+\Delta\vec{r}}{\vec{r}'} \times \overset{\vec{v}+\Delta\vec{v}}{\vec{v}'} - \vec{r} \times \vec{v}\right) \Rightarrow$$

$$\Rightarrow \Delta\vec{L} = m[(\vec{r} + \Delta\vec{r}) \times (\vec{v} + \Delta\vec{v}) - \vec{r} \times \vec{v}] \Rightarrow$$
$$\Rightarrow \Delta\vec{L} = m[\cancel{\vec{r} \times \vec{v}} + \vec{r} \times \Delta\vec{v} + \Delta\vec{r} \times \vec{v} + \Delta\vec{r} \times \Delta\vec{v} - \cancel{\vec{r} \times \vec{v}}] \Rightarrow$$
$$\Rightarrow \Delta\vec{L} = m[\vec{r} \times \Delta\vec{v} + \Delta\vec{r} \times \vec{v} + \Delta\vec{r} \times \Delta\vec{v}] \Rightarrow$$

Poiché $\Delta \vec{r}$ e $\Delta \vec{v}$ sono quantità molto piccole, il loro prodotto $\Delta \vec{r} \times \Delta \vec{v}$ è molto più piccolo delle altre quantità e quindi trascurabile.

$$\Rightarrow \Delta \vec{L} = m(\vec{r} \times \Delta \vec{v} + \Delta \vec{r} \times \vec{v}) \Rightarrow$$

Dalla definizione di accelerazione e di velocità:

$$\vec{a} = \frac{\Delta \vec{v}}{\Delta t} \Rightarrow \Delta \vec{v} = \vec{a}\Delta t$$

$$\vec{v} = \frac{\Delta \vec{r}}{\Delta t} \Rightarrow \Delta \vec{r} = \vec{v}\Delta t$$

$$\Rightarrow \Delta \vec{L} = m(\vec{r} \times \overbrace{\vec{a}\Delta t}^{\Delta \vec{v}} + \overbrace{(\vec{v}\Delta t)}^{\Delta \vec{r}} \times \vec{v}) \Rightarrow$$

$$\Rightarrow \Delta \vec{L} = m(\vec{r} \times \vec{a}\Delta t + (\vec{v} \times \vec{v})\Delta t) \Rightarrow$$

Tenendo conto che il prodotto vettoriale tra due vettori identici è nullo (i vettori identici sono paralleli, quindi $sin(0) = 0 \Rightarrow \vec{v} \times \vec{v} = \vec{0}$):

$$\Rightarrow \Delta \vec{L} = m(\vec{r} \times \vec{a})\Delta t = (\vec{r} \times \overbrace{m\vec{a}}^{\vec{F}})\Delta t \Rightarrow \Delta \vec{L} = \overbrace{\vec{r} \times \vec{F}}^{\vec{M}} \Delta t \Rightarrow$$

Otteniamo quindi il **Teorema dell'impulso angolare**:

$$\Rightarrow \boxed{\Delta \vec{L} = \vec{M}\Delta t}$$

Come l'applicazione di una forza genera una variazione di quantità di moto $\vec{F}_{tot} = \frac{\Delta \vec{p}}{\Delta t}$, analogamente l'applicazione di un momento torcente genera una variazione di momento angolare $\vec{M} = \frac{\Delta \vec{L}}{\Delta t}$.

Osservazione: sappiamo che $L = I\omega$, quindi

$$M = \frac{\Delta L}{\Delta t} = \frac{\Delta(I\omega)}{\Delta t} \Rightarrow$$

Nel caso di un corpo rigido con $I = cost$, possiamo portare fuori il momento di inerzia dal simbolo di variazione:

$$\Rightarrow M = I\frac{\overbrace{\Delta\omega}^{\alpha}}{\Delta t} \Rightarrow M = I\alpha$$

In questo modo ritroviamo la seconda legge della dinamica per la rotazione: $M = I\alpha$.

Esattamente come accade per il principio di conservazione della quantità di moto, se il momento torcente complessivo è nullo ($M = 0$ e $M = \Delta L/\Delta t$) non vi è una variazione di momento angolare ($\Delta L = 0$) e si ottiene il **principio di conservazione del momento angolare**:

$$\Delta L = 0 \Rightarrow L_{iniziale} = L_{finale} = cost \Rightarrow$$
$$\Rightarrow I_i\omega_i = I_f\omega_f$$

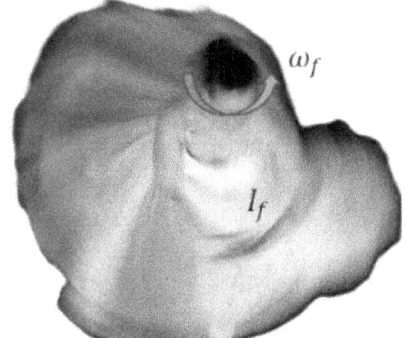

Consideriamo ad esempio una ballerina che inizia a ruotare con una velocità angolare ω_i con le braccia aperte, avrà un suo momento di inerzia I_i e quindi un momento angolare iniziale $L_i = I_i\omega_i$. Nell'ipotesi di trascurare l'attrito (momenti torcenti esterni trascurabili) vale il principio di conservazione del momento angolare; perciò nel momento in cui avvicina le braccia all'asse di rotazione, le distanze delle masse (delle braccia) diminuiscono e quindi il momento di inerzia I_f

diminuisce. Perciò la velocità angolare ω_f della ballerina, affinché il momento angolare L si conservi, deve aumentare:

$$I_i \omega_i = I_f \omega_f \Rightarrow \omega_f = \frac{I_i}{I_f} \omega_i$$

Infatti, essendo $I_f < I_i \Rightarrow \frac{I_i}{I_f} > 1 \Rightarrow \omega_f > \omega_i$.

Quando la ballerina vuole terminare o rallentare la rotazione allarga le braccia per aumentare il momento d'inerzia e diminuire la sua velocità angolare.

8.5.1 Un antico giocattolo: la trottola

La trottola è un antico giocattolo, solitamente di forma rotonda o conica, che viene fatta ruotare su una punta affilata (per ridurre l'attrito con il terreno) posta nella parte inferiore della

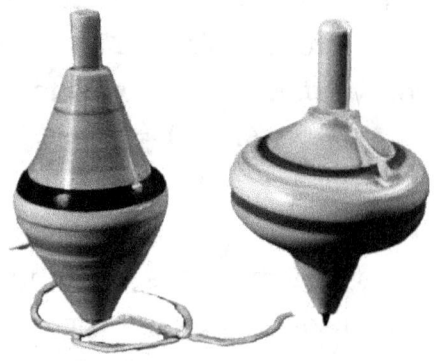

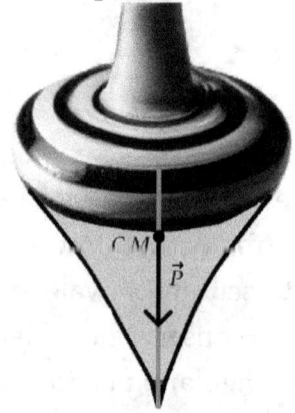

trottola che tocca il suolo durante la rotazione. Alcune trottole hanno una maniglia nella parte superiore o una corda che si avvolge nella parte inferiore per avviare la rotazione. Essa funziona grazie al principio di conservazione del momento angolare. Infatti, quando la trottola viene messa in rotazione, si crea un momento angolare che tende a mantenere la trottola in rotazione attorno al suo asse (inizialmente verticale).

L'attrito tra la punta della trottola e la superficie su cui gira può introdurre lievi forze che, nel tempo, destabilizzano la trottola e la fanno leggermente inclinare rispetto alla verticale.

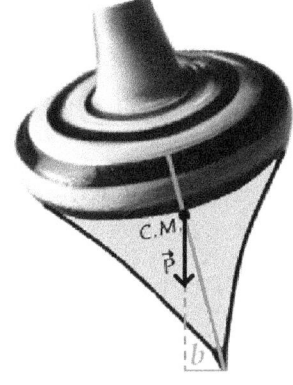

Operazione analoga è provocata da eventuali imperfezioni di simmetria della trottola stessa. Una volta che l'asse di rotazione della trottola inizia ad inclinarsi, la forza peso posizionata nel centro di massa della trottola acquisisce un braccio b rispetto al punto di appoggio della trottola; ciò consente alla forza peso di generare un momento di forza (avendo un braccio diverso da zero) ed iniziare un effetto di precessione. Dalla figura di sopra si può anche osservare che se il C.M. fosse più in basso (spostato lungo l'asse di rotazione) il braccio sarebbe più piccolo; perciò si è soliti dire che le trottole con il C.M. più basso sono più stabili (considerazioni analoghe sulla stabilità dei veicoli valgono anche sul centro di massa delle auto).

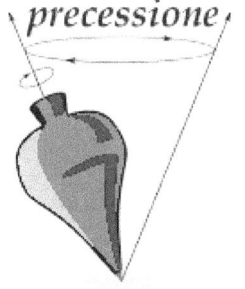

Se la trottola fosse ferma (senza rotazione), la forza peso e il braccio produrrebbero un momento di forza che farebbe cadere a terra la trottola. Quando è in rotazione, invece di cadere immediatamente, la trottola cerca di resistere per via del principio di conservazione del momento angolare che tende a conservare l'asse di rotazione. Nel frattempo la trottola mostra un **fenomeno di precessione**, in cui l'asse di rotazione descrive un movimento circolare attorno alla verticale. Finché la trottola gira velocemente, il suo momento angolare viene conservato, mantenendo l'inclinazione dell'asse di rotazione stabile. Quando l'energia cinetica rotazionale viene via via dissipata dall'attrito tra la punta della trottola e la superficie su cui ruota, la sua velocità angolare di rotazione diminuisce, il momento angolare diventa insufficiente a contrastare l'effetto della gravità, e la trottola inizia a oscillare visibilmente prima di fermarsi completamente e cadere.

La stabilità e la durata della rotazione di una trottola dipendono da vari fattori:

- una trottola con una massa ben distribuita e un baricentro basso sarà più stabile;
- maggiore è la velocità iniziale di rotazione, più a lungo la trottola resterà in equilibrio;
- una superficie liscia e dura riduce l'attrito, prolungando il tempo di rotazione.

8.5.2 Da semplice giocattolo ai sistemi di navigazione: il giroscopio

Un giroscopio è generalmente composto da:
- un rotore cioè una massa simmetrica (un disco o un cilindro) che può ruotare liberamente attorno al proprio asse;
- un sistema ad anello cardanico montati in modo che ogni anello possa ruotare attorno a un asse perpendicolare agli altri. Ciò permette al rotore di mantenere una certa libertà di movimento indipendente dall'involucro esterno;
- una struttura esterna che contiene il sistema di cardani e il rotore.

Quando il rotore del giroscopio è in rapida rotazione, genera un momento angolare orientato lungo l'asse di rotazione del rotore. In assenza di forze esterne, il momento angolare di un sistema chiuso si conserva. Per un giroscopio, questo significa che l'asse di rotazione del rotore tende a rimanere costante rispetto a un sistema di riferimento inerziale, anche se il supporto del giroscopio si muove o si inclina.

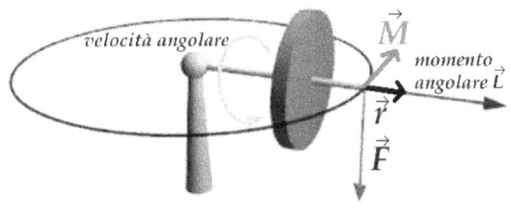

Se si applica una forza verso il basso ad un giroscopio con il rotore che gira rapidamente attorno al suo asse orizzontale su uno dei lati del rotore (o anche semplicemente la forza peso del giroscopio stesso), l'asse di rotazione non si sposterà verso il basso come ci si potrebbe aspettare. Ci sarà un momento di forza $\vec{M} = \vec{r} \times \vec{F}$ perpendicolare sia a $\vec{r}$ che a $\vec{F}$. Tale momento di forza causerà una variazione del momento angolare in quanto $\vec{M} = \frac{\Delta \vec{L}}{\Delta t}$. L'asse inizierà a muoversi perpendicolarmente sia alla direzione della forza applicata che alla direzione del momento angolare iniziale. Perciò l'asse inizierà a muoversi lateralmente in un moto di precessione giroscopica verso sinistra o destra, a seconda del senso di rotazione del rotore (quindi del verso del momento angolare) e del verso della forza applicata.

Da un punto di vista di applicazioni nel mondo reale, in

dispositivi come le navi o gli aerei, i giroscopi sono utilizzati per mantenere la stabilità. Il loro momento angolare resiste ai cambiamenti di orientamento, contribuendo a stabilizzare il veicolo (ad esempio durante il mare mosso). Nei sistemi di navigazione inerziale, i giroscopi misurano i cambiamenti di orientamento di un veicolo rispetto a un sistema di riferimento fisso. Combinando i dati dei giroscopi con altri sensori, è possibile determinare la direzione in cui si sta muovendo il veicolo. Nei dispositivi elettronici (come gli smartphone), i giroscopi sono utilizzati per rilevare il movimento e l'inclinazione. Ad esempio, nei giochi per smartphone, il giroscopio consente al dispositivo di rilevare l'inclinazione o la rotazione, permettendo un'interazione più intuitiva con il gioco.

Esistono diversi tipi di giroscopi:

- meccanici: un rotore fisico gira a velocità elevate. Sono precisi ma tendono a essere più ingombranti e soggetti ad usura;
- a fibra ottica (FOG, dall'inglese Fiber Optic Gyroscope) sono dispositivi utilizzati per misurare la velocità angolare, cioè la velocità di rotazione attorno a un asse: utilizzano la luce che viaggia lungo un anello di fibra ottica, sono molto precisi e privi di parti mobili. I FOG vengono utilizzati in aerei, elicotteri e veicoli spaziali per misurare e stabilizzare l'orientamento; vengono impiegati anche in ambito geofisico per rilevare movimenti sismici grazie alla loro sensibilità alle rotazioni.
- a effetto Coriolis (MEMS): sono piccoli, basati su microelettromeccanica ed utilizzati comunemente in elettronica di consumo. Rilevano variazioni nell'orientamento misurando le forze di Coriolis su una

massa vibrante all'interno del sensore. La forza di Coriolis è una forza apparente che agisce su oggetti in movimento all'interno di un sistema di riferimento rotante. È il risultato della rotazione del sistema stesso. Ad esempio, sulla Terra, che ruota attorno al proprio asse, la forza di Coriolis fa sì che un oggetto in movimento (come l'aria o l'acqua) venga deviato verso destra nell'emisfero nord e verso sinistra nell'emisfero sud (si osservi come ruota l'acqua che entra nello scarico del lavandino).

8.5.3 Il controsterzo

Quando un motociclista di MotoGP viaggia ad alta velocità su un rettilineo c'è un effetto che ha sia un aspetto positivo che negativo. Le due ruote della moto, girando con una grande velocità angolare, possiedono un momento angolare ($L = I\omega$) significativo. Tale vettore momento angolare ($\vec{L}$) tende a mantenere costante la sua direzione e quindi l'asse di rotazione delle ruote. Questo effetto stabilizzante è utile per mantenere la moto in linea retta lungo un rettilineo. Ci si accorge di questo effetto quando un motociclista casca dalla moto e si vede quest'ultima che prosegue in linea retta fino a quando non va a sbattere su un muro di protezione.
Tale aspetto stabilizzante in rettilineo diventa un problema quando il motociclista deve curvare ad alta velocità: il vettore momento angolare è talmente significativo che rende difficile piegare la moto e cambiare rapidamente l'orientamento dell'asse di rotazione delle ruote della moto per curvare. Perciò, quando il motociclista deve curvare ed inclinare la moto, le ruote oppongono resistenza e cercano di mantenere

l'asse di rotazione nella stessa direzione. Per innescare l'inclinazione della moto verso l'interno della curva, il motociclista deve utilizzare quello che è noto come **controsterzo** e sfruttare la precessione giroscopica. Girando il manubrio a sinistra si applica una forza $\vec{F}$ sull'asse della ruota che tramite il braccio b, di distanza dal punto di appoggio della ruota, genera un momento $\vec{M}$ che causa una variazione del momento angolare $\vec{M} = \frac{\Delta \vec{L}}{\Delta t}$ ed innesca un'inclinazione della moto verso destra. Una volta avviata l'inclinazione della moto, il motociclista allenta il controsterzo (che

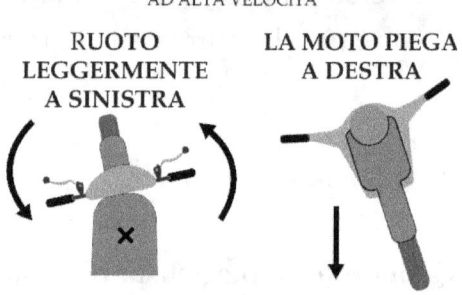

viene effettuato per un brevissimo momento), si sposta sul sedile piegandosi verso l'interno della curva e spostando il proprio peso verso destra per continuare a costringere la moto ad inclinarsi. Questo spostamento del peso aiuta a mantenere l'equilibrio della moto mentre è inclinata, contribuendo ad affrontare la curva in modo più efficace e sicuro. Quando si curva verso destra le forze centrifughe spingono la moto verso l'esterno della curva (verso sinistra). L'inclinazione permette alla forza di gravità di bilanciare quella centrifuga, mantenendo la traiettoria corretta e impedendo alla moto di sbandare o scivolare.

A basse velocità, dove il momento angolare delle ruote è minore, il motociclista può curvare direttamente girando il manubrio ed è quello che fanno tutti i motociclisti quando guidano fuori da un motodromo. A velocità più elevate (in pista), il controsterzo diventa necessario per vincere la stabilità inerziale delle ruote e permettere il cambio di direzione. Se il pilota sterzasse direttamente a destra provocherebbe un'inclinazione della moto verso sinistra che potrebbe risultare pericolosa. Il controsterzo è dunque necessario alle alte velocità (in pista) per avviare correttamente l'inclinazione della moto verso l'interno della curva.

In sintesi, per curvare a destra ad altissime velocità, il motociclista:

- controsterza: gira il manubrio leggermente a sinistra e ciò innesca l'inclinazione della moto verso destra grazie all'effetto giroscopico;
- ripristina il manubrio: il controsterzo ha una breve durata;
- sposta il suo peso: il motociclista si sposta sul sedile verso l'interno della curva, per fare in modo che la forza peso possa bilanciare la forza centrifuga.

Osservazione: l'assenza dell'effetto stabilizzante del momento angolare è noto a tutti quelli che iniziano ad imparare ad andare in bici. Quando la bici è ferma o si avvia, il momento angolare delle ruote è nullo o talmente basso che la bici ha la tendenza a cadere. Quando la bici acquisisce velocità l'effetto stabilizzante aumenta ed è più facile mantenere dritta la bici. Perciò quando si insegna ad andare in bici bisognerebbe innanzitutto insegnare ad aumentare la velocità della bici per aumentare l'effetto stabilizzante del momento angolare!

8.6 Energia cinetica rotazionale e principio di conservazione dell'energia cinetica

Quando un corpo (o un punto materiale) di massa m trasla con velocità v ha un'energia cinetica (di traslazione) data da:

$$K = \frac{1}{2}mv^2$$

Quando un corpo rigido di momento di inerzia I ruota con una velocità angolare ω intono ad un suo asse, ogni sua particella m_i, distante r_i dall'asse di rotazione, ha una velocità tangenziale $v_i = \omega r_i$ e dunque un'energia cinetica:

$$K_i = \frac{1}{2}m_i v_i^2 \xrightarrow{v_i=\omega r_i} K_i = \frac{1}{2}m_i(\omega r_i)^2 \Rightarrow K_i = \frac{1}{2}\overbrace{m_i r_i^2}^{I_i}\omega^2 \Rightarrow$$

$$\Rightarrow K_i = \frac{1}{2}I_i\omega^2$$

Se il corpo rigido è composto da n parti, l'energia totale è la somma delle singole energie:

$$K = \frac{1}{2}I_1\omega^2 + \frac{1}{2}I_2\omega^2 + \cdots + \frac{1}{2}I_n\omega^2 \Rightarrow$$

$$\Rightarrow K = \frac{1}{2}\overbrace{(I_1 + I_2 + \cdots + I_n)}^{I}\omega^2 \Rightarrow$$

Perciò, l'**energia cinetica rotazionale** di un corpo rigido che ruota intorno ad un suo asse con velocità angolare ω, rispetto al quale ha un momento di inerzia complessivo I, è data da:

$$\Rightarrow \boxed{K = \frac{1}{2}I\omega^2}$$

Se il corpo rigido rotola senza strisciare ($v = \omega r$), ci sarà sia un'energia cinetica di traslazione che di rotazione; pertanto l'energia cinetica complessiva per un corpo rigido che rotola senza strisciare è:

$$K = \frac{1}{2}mv^2 + \frac{1}{2}I\omega^2$$

Generalmente la velocità v è la velocità del centro di massa (v_{CM}) ed il momento di inerzia I è quello del centro di massa (I_{CM}).

Riassumendo:

moto di traslazione $\qquad\qquad K = \frac{1}{2}mv^2$

moto di rotazione $\qquad\qquad K = \frac{1}{2}I\omega^2$

moto di rotolamento $\qquad\qquad K = \frac{1}{2}mv^2 + \frac{1}{2}I\omega^2$

Esercizio svolto 8.6.1: energia cinetica di una sfera

Una sfera piena $\left(I = \frac{2}{5}mr^2\right)$ di raggio $r = 12\ cm$ e massa $m = 4{,}6\ kg$ rotola senza strisciare su un piano. La sua velocità di traslazione (del suo centro) è $v = 0{,}30\ \frac{m}{s}$, determina l'energia cinetica totale della sfera.

Soluzione

L'energia cinetica totale di un corpo che rotola senza strisciare è:

$$K = \frac{1}{2}mv^2 + \frac{1}{2}I\omega^2$$

Sostituendo il momento di inerzia e tenendo presente che rotola senza strisciare $\left(v = \omega r \Rightarrow \omega = \frac{v}{r}\right)$:

$$K = \frac{1}{2}mv^2 + \frac{1}{2}\overbrace{\frac{2}{5}mr^2}^{I}\overbrace{\left(\frac{v}{r}\right)^2}^{\omega^2} = \frac{1}{2}mv^2 + \frac{1}{2}\left(\frac{2}{5}m\right)v^2 \Rightarrow$$

Si osservi che l'energia totale di una sfera che rotola senza strisciare è la stessa energia cinetica di un sistema che trasla (striscia senza rotolare con velocità v) composto da una sfera di massa m ed una sfera di massa $m' = \frac{2}{5}m$ che trasla con la stessa velocità v.

Raccogliamo il termine $\frac{1}{2}mv^2$ per fare un'ulteriore osservazione:

$$\Rightarrow K = \frac{1}{2}mv^2\left(1 + \frac{2}{5}\right) \Rightarrow K = \frac{1}{2}\left(\frac{7}{5}m\right)v^2$$

Cioè una sfera che rotola senza strisciare ha la stessa energia cinetica di una sfera di massa $\frac{7}{5}m$ che trasla (striscia senza rotolare con velocità v). Scrivendo il risultato finale in quest'altro modo:

$$K = \frac{1}{2}m\left(\sqrt{\frac{7}{5}}v\right)^2$$

Osserviamo che è come avere una sfera di massa m che trasla (striscia senza rotolare) con velocità $\sqrt{\frac{7}{5}}v$.

Osservazione: tutte queste constatazioni sono state possibili soltanto perché abbiamo svolto l'esercizio senza sostituire

immediatamente i dati. **La sostituzione dei dati deve avvenire**, generalmente, **soltanto alla fine dello sviluppo di tutti i passaggi algebrici perché in questo modo si prende consapevolezza di quello che si sta facendo e si comprende il significato di ogni singola parte di una formula.**
Si osservi, infine, che l'energia cinetica totale $K = \frac{1}{2}\left(\frac{7}{5}m\right)v^2$ non dipende dal raggio r.

Sostituiamo i dati per determina l'energia cinetica totale della sfera:

$$K = \frac{1}{2}\left(\frac{7}{5} 4,6 \, kg\right)\left(0,30 \, \frac{m}{s}\right)^2 = 0,2898 \, J \Rightarrow \boxed{K \simeq 0,29 \, J}$$

Esercizio svolto 8.6.2: la sfida

Due sfere, aventi la stessa massa m e lo stesso raggio r, sono fatte di materiale diverso in modo tale da essere una piena ed una cava all'interno (guscio sferico). Esse si trovano sullo stesso piano inclinato di altezza h e rotolano senza strisciare.
a) Determina le velocità alla fine del piano inclinato.
Dopo aver percorso un piccolo tratto orizzontale senza perdere energia, salgono su un secondo piano inclinato completamente privo di attrito. b) Determina le altezze raggiunte.

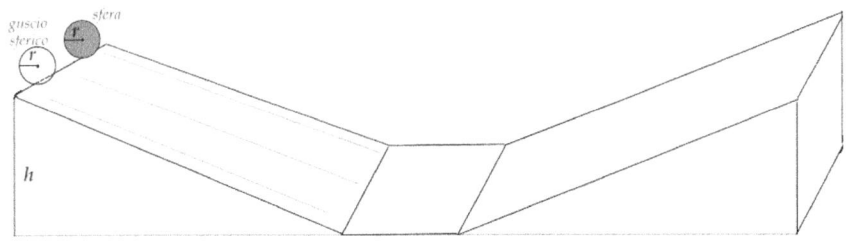

Soluzione

a) L'energia iniziale è la stessa per entrambe e si tratta di energia potenziale gravitazionale: $U = mgh$ (trascuriamo il raggio rispetto all'altezza). Tale energia si trasforma in energia cinetica, pertanto alla fine del piano inclinato, per il principio di conservazione dell'energia:

$$mgh = \frac{1}{2}mv^2 + \frac{1}{2}I\omega^2$$

Considerando che $I_{sfera} = \frac{2}{5}mr^2$ e $I_{guscio} = \frac{2}{3}mr^2$. In generale possiamo scrivere $I = \frac{2}{a}mr^2$ dove $a = \begin{cases} 5 \text{ per la sfera} \\ 3 \text{ per il guscio} \end{cases}$.

In questo modo si evita di fare due volte gli stessi calcoli. Tenendo conto anche che i corpi, scendendo dal piano inclinato, rotolano senza strisciare $\left(v = \omega r \Rightarrow \omega = \frac{v}{r}\right)$:

$$\frac{1}{2}mv^2 + \frac{1}{2}\overbrace{\frac{2}{a}mr^2}^{I}\overbrace{\left(\frac{v}{r}\right)^2}^{\omega^2} = mgh \Rightarrow \frac{1}{2}v^2 + \frac{1}{a}v^2 = gh \Rightarrow$$

$$\Rightarrow \left(\frac{1}{2} + \frac{1}{a}\right)v^2 = gh \Rightarrow v = \sqrt{\frac{2a}{a+2}gh}$$

Perciò:

$$v_{sfera} = \sqrt{\frac{2 \cdot 5}{5+2}gh} \Rightarrow \boxed{v_{sfera} = \sqrt{\frac{10}{7}gh}}$$

$$v_{guscio} = \sqrt{\frac{2 \cdot 3}{3+2}gh} \Rightarrow \boxed{v_{guscio} = \sqrt{\frac{6}{5}gh}}$$

Quindi arriverà prima la sfera piena e poi il guscio.

b) Poiché nel secondo tratto non c'è attrito, non vale più la condizione di rotolamento. Immaginate la ruota di un'auto che viaggia a velocità angolare costante e che sale su una rampa ghiacciata; quando l'auto sarà arrivata alla sua altezza massima le ruote continueranno a girare (slittare) con la stessa velocità angolare ma non riuscirà a salire ulteriormente perché non c'è attrito. Quindi soltanto l'energia cinetica di traslazione si trasformerà in energia potenziale gravitazionale mentre l'energia cinetica di rotazione rimarrà invariata.

Anche in questo caso conviene utilizzare un'unica velocità generica e fare soltanto una volta il calcolo. Poiché le velocità sono:

$$v_{sfera} = \sqrt{\frac{10}{7}gh} \text{ e } v_{guscio} = \sqrt{\frac{6}{5}gh}$$

utilizziamo una generica velocità $v = \sqrt{bgh}$ dove

$$b = \begin{cases} \frac{10}{7} \text{ per la sfera} \\ \frac{6}{5} \text{ per il guscio} \end{cases}$$

Per il principio di conservazione dell'energia:

$$\frac{1}{2}mv^2 = mgh' \Rightarrow h' = \frac{v^2}{2g} \xrightarrow{v=\sqrt{bgh}} h' = \frac{bgh}{2g} \Rightarrow$$

$$\Rightarrow h' = b\frac{h}{2}$$

$$h'_{sfera} = \frac{10}{7}\frac{h}{2} \Rightarrow \boxed{h'_{sfera} = \frac{5}{7}h}$$

$$h'_{guscio} = \frac{6}{5}\frac{h}{2} \Rightarrow \boxed{h'_{guscio} = \frac{3}{5}h}$$

In conclusione: il guscio sferico raggiungerà alla fine della discesa una velocità di traslazione inferiore rispetto alla sfera piena. Inoltre il guscio, avendo un'energia cinetica di traslazione minore, raggiungerà un'altezza inferiore salendo sul piano inclinato privo di attrito.

Esercizio svolto 8.6.3: la carrucola reale

Ad una carrucola di raggio $r = 12\ cm$ e massa $m_c = 0{,}80\ kg$ $\left(I = \frac{1}{2}m_c r^2\right)$ è appesa, tramite una corda inestensibile di massa trascurabile, una massa $m = 2{,}0\ kg$. Se tutto il sistema è fermo e la massa m si trova ad un'altezza $h = 4{,}5\ m$ da terra, con che velocità andrà a sbattere sul terreno?

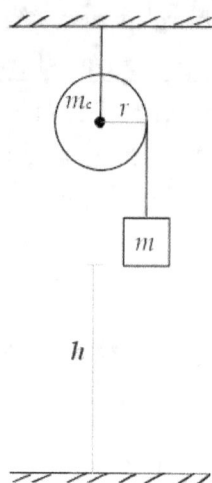

Soluzione

Poiché sia la carrucola che la massa m sono ferme, l'unica energia iniziale da considerare è l'energia potenziale gravitazionale della massa m:
$U = mgh$.
L'energia finale, un istante prima che la massa m tocchi terra, è la somma dell'energia cinetica rotazionale della carrucola e dell'energia di traslazione della massa m:

$$K = \frac{1}{2}I\omega^2 + \frac{1}{2}mv^2$$

Nell'ipotesi che la fune non slitti nella carrucola, cioè nell'ipotesi che la velocità tangenziale della carrucola sia uguale alla velocità di traslazione

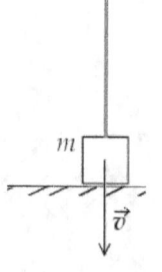

della corda e della massa ($v = \omega r$), l'energia totale finale è:

$$K = \frac{1}{2}\overbrace{\frac{1}{2}m_c r^2}^{I} \overbrace{\left(\frac{v}{r}\right)^2}^{\omega^2} + \frac{1}{2}mv^2 = \frac{1}{4}m_c v^2 + \frac{1}{2}mv^2 =$$

$$= \frac{1}{2}\left(\frac{1}{2}m_c + m\right)v^2$$

Per il principio di conservazione dell'energia:

$$mgh = \frac{1}{2}\left(\frac{1}{2}m_c + m\right)v^2 \Rightarrow \boxed{v = \sqrt{\frac{2mgh}{\frac{1}{2}m_c + m}}}$$

Andiamo a sostituire i dati:

$$v = \sqrt{\frac{2 \cdot 2{,}0 \; kg \cdot 9{,}81 \frac{m}{s^2} \cdot 4{,}5 \; m}{\frac{1}{2} \cdot 0{,}80 \; kg + 2{,}0 \; kg}} = 8{,}58 \frac{m}{s} \Rightarrow \boxed{v \simeq 8{,}6 \frac{m}{s}}$$

Osservazione: se avessimo trascurato l'energia cinetica rotazionale della carrucola avremmo trovato una velocità maggiore:

$$mgh = \frac{1}{2}mv^2 \Rightarrow v = \sqrt{2gh} = \sqrt{2 \cdot 9{,}81 \frac{m}{s^2} \cdot 4{,}5 \; m} \simeq 9{,}4 \frac{m}{s}$$

Ciò è dovuto al fatto che l'energia iniziale a disposizione è sempre la stessa ma:
- se si trascura la rotazione, tutta l'energia potenziale gravitazionale si trasforma in energia cinetica di traslazione;
- se si considera anche la rotazione della carrucola (situazione reale), una parte di energia potenziale gravitazionale si trasforma in energia cinetica rotazionale e la restante parte di energia potenziale si trasforma in energia cinetica di traslazione.

Esercizio svolto 8.6.4: masse collegate

Una massa $m_1 = 1{,}20$ kg è posta su un tavolo orizzontale con attrito non trascurabile ($\mu_d = 0{,}150$) ed è legata ad una massa $m_2 = 3{,}00$ kg tramite una fune inestensibile ed una carrucola di massa $m = 0{,}300$ kg (e raggio R). Determina le tensioni della fune e l'accelerazione con cui si muove la massa m_2.

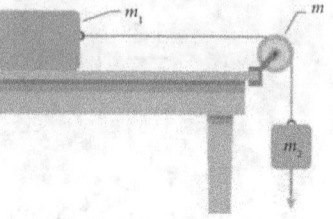

Soluzione

La massa m_2 trascinerà la massa m_1 che si muoverà verso destra e la carrucola ruoterà in senso orario; fissiamo un sistema di riferimento e disegniamo le forze. Osserviamo che se T_1 fosse uguale a T_2 la carrucola sarebbe ferma, è proprio la differenza tra le due tensioni (per il raggio della carrucola) che fa ruotare in verso orario la carrucola stessa (perciò $T_2 > T_1$). Applichiamo il secondo principio della dinamica alle masse, il principio della dinamica per la rotazione alla carrucola $\left(I = \frac{1}{2}mR^2\right)$ e tenendo presente che $a = \alpha R \Rightarrow \alpha = a/R$:

$$\begin{cases} T_1 - F_d = m_1 a \\ P_2 - T_2 = m_2 a \\ (T_2 - T_1)R = I\alpha \end{cases} \begin{cases} T_1 - \mu_d m_1 g = m_1 a \\ m_2 g - T_2 = m_2 a \\ (T_2 - T_1)R = \frac{1}{2}mR^2 \frac{a}{R} \end{cases} \Rightarrow$$

$$\Rightarrow \begin{cases} T_1 = \mu_d m_1 g + m_1 a \\ T_2 = m_2 g - m_2 a \\ T_2 - T_1 = \frac{1}{2}ma \end{cases} \Rightarrow \begin{cases} T_1 = \mu_d m_1 g + m_1 a \\ T_2 = m_2 g - m_2 a \\ a = \frac{m_2 - \mu_d m_1}{\frac{1}{2}m + m_1 + m_2} g \end{cases} \Rightarrow \begin{cases} T_1 = 9{,}40 \ N \\ T_2 = 10{,}4 \ N \\ a = 6{,}36 \ \frac{m}{s^2} \end{cases}$$

SINTESI: dinamica dei corpi in rotazione

Velocità angolare: $\omega = \frac{\Delta \vartheta}{\Delta t}$.

Accelerazione angolare: $\alpha = \frac{\Delta \omega}{\Delta t}$.

Periodo T: tempo impiegato dal corpo a compiere un giro completo e si misura in secondi (s).

Frequenza f: numero di giri che un corpo effettua in un secondo e si misura in hertz (Hz o s^{-1}). Frequenza e periodo sono legati dalla seguente relazione: $T = \frac{1}{f}$.

Relazione tra velocità tangenziale ed angolare: $v = \omega\, r$.

Relazione tra accelerazione centripeta ed angolare: $a_c = \alpha\, r$.

Relazioni tra accelerazione centripeta, velocità angolare e Velocità tangenziale: $a_c = \omega v$, $a_c = \omega^2 r$, $a_c = \frac{v^2}{r}$.

Relazioni tra grandezze lineari ed angolari:

$$x \to \vartheta, \quad v \to \omega, \quad a \to \alpha$$

Condizione di rotolamento: $v = \omega\, r$.

Tipi di moto:

- **moto di traslazione** (tutti i punti hanno la stessa velocità di traslazione);
- **moto di rotazione**: (nella rotazione i punti opposti A e B hanno velocità (tangenziale) opposte ma con lo stesso modulo $v_{tangenziale} = \omega\, r$);
- **moto di rotolamento** (o moto rototraslatorio): poiché la ruota rotola senza strisciare vuol dire che ha un moto di traslazione e, contemporaneamente, di rotazione tale da

soddisfare la condizione di rotolamento ($v = \omega r$).

Momento di una forza (o **momento torcente**): $\vec{M} = \vec{r} \times \vec{F}$.

Regola della mano destra per determinare $\vec{c} = \vec{a} \times \vec{b}$:
- **metodo del palmo della mano destra**: apri la mano destra, posiziona il pollice sul primo vettore $\vec{a}$, le altre quattro dita sul secondo vettore $\vec{b}$, il vettore $\vec{c}$ esce perpendicolarmente dal palmo della mano;
- **metodo delle tre dita**: apri la mano destra, chiudi anulare e mignolino; posiziona il pollice sul primo vettore $\vec{a}$, l'indice sul secondo vettore $\vec{b}$, alza il medio che indica il verso del vettore $\vec{c}$;
- **metodo del cacciavite**: apri la mano destra, posiziona le dita (escluso il pollice) sul primo vettore $\vec{a}$ in modo da poter chiudere le quattro dita e riuscire a prendere la punta del secondo vettore $\vec{b}$, alza il pollice che indica il verso del vettore $\vec{c}$.

Momento d'inerzia: $I = mr^2$.

Seconda legge della dinamica rotazionale: $M = I\alpha$.

Momento angolare: $\vec{L} = \vec{r} \times \vec{p}$, $L = I\omega$.

Teorema dell'impulso angolare: $\Delta\vec{L} = \vec{M}\Delta t$.

Principio di conservazione del momento angolare:

$$\Delta L = 0 \Rightarrow L_{iniziale} = L_{finale} = cost \Rightarrow I_i\omega_i = I_f\omega_f$$

Energia cinetica in un:

moto di traslazione	$K = \dfrac{1}{2}mv^2$
moto di rotazione	$K = \dfrac{1}{2}I\omega^2$
moto di rotolamento	$K = \dfrac{1}{2}mv^2 + \dfrac{1}{2}I\omega^2$

GRAVITAZIONE UNIVERSALE

9 Le leggi di Keplero

Sin dall'antichità l'uomo ha sempre osservato con grande meraviglia la volta celeste (il cielo) perché le stelle sono sotto gli occhi di tutti. Per molto tempo si guardava al cielo come se si guardassero delle divinità:

- Giove (Zeus): è il re degli dei e il dio del cielo e del tuono (Giove è il più grande pianeta del sistema solare);
- Saturno (Crono): è un Titano, padre di Zeus, il dio del tempo. Saturno è noto per i suoi anelli, che possono essere visti come simbolo del passaggio del tempo;
- Mercurio (Hermes): è il messaggero degli dei, dio del commercio, dei ladri, della comunicazione e delle strade. È rappresentato come veloce e agile, riflettendo l'orbita rapida di Mercurio intorno al Sole;
- Venere (Afrodite): è la dea dell'amore, della bellezza e della fertilità. La brillantezza del pianeta Venere nel cielo del mattino e della sera è associata alla bellezza di Afrodite;
- Marte (Ares): è il dio della guerra. Il pianeta Marte, con il suo colore rosso sangue, riflette il temperamento combattivo e aggressivo di Ares;
- Nettuno (Poseidone): è il dio del mare e dei terremoti. L'acqua blu profonda di Nettuno e la sua associazione con gli oceani rispecchiano le caratteristiche di Poseidone;
- Plutone (Ade): Ade è il dio degli inferi e del mondo dei morti. Plutone è stato classificato come un pianeta nano e la sua lontananza e oscurità ricordano il regno sotterraneo

di Ade.

L'apparizione di una cometa, un'eclisse di Luna o di Sole, erano fatti spaventevoli e generalmente annunciavano dei disastri. Non si sapeva perché si alternavano i giorni e la notte, si pensava che il Sole andasse a dormire la notte e si alzasse al mattino.

Il filosofo greco **Eudosso di Cnido** ($\simeq$ 408 - 355 a.C.) è stato un matematico e astronomo greco, noto per aver contribuito in modo significativo allo sviluppo della **teoria geocentrica** (la Terra è considerata il centro dell'Universo, con il Sole, la Luna, i pianeti e le stelle che ruotano intorno ad essa). Introdusse il concetto di sfere concentriche per spiegare i moti celesti: ogni pianeta è fissato su una serie di sfere concentriche che ruotano attorno alla Terra.
Successivamente, il filosofo **Aristotele** (384 - 322 a.C.) sviluppò ulteriormente queste idee nel suo sistema cosmologico, sostenendo che la Terra fosse immobile al centro dell'Universo, circondata da sfere concentriche di cristallo (non erano solo modelli geometrici, ma realtà fisiche che spiegavano i movimenti dei corpi celesti). Le sfere erano otto, le prime sette corrispondenti a Luna, Mercurio, Venere, Sole, Marte, Giove e Saturno e l'ultima sfera corrispondeva alle stelle fisse. Ogni corpo celeste era "incastonato" nella propria sfera e ne condivideva il moto perfetto, immutabile ed eterno intorno alla Terra, cioè il moto circolare uniforme perché è il movimento che meglio imita l'eternità del primo motore (Dio). Secondo Aristotele tutti i corpi celesti erano fatti di materia diversa (rispetto alla Terra) e cioè la quintessenza, un quinto elemento di natura eterna ed incorruttibile (per

distinguerlo dai quattro elementi: terra, aria, acqua, fuoco).

Questo **modello geocentrico** fu perfezionato dal matematico, astronomo e geografo greco **Claudio Tolomeo** (≃ 100 - 170 d.C.) che visse ad Alessandria d'Egitto durante l'Impero Romano. Tolomeo è famoso soprattutto per la sua opera "Almagesto" dove sviluppò un modello geocentrico dettagliato che includeva i concetti di deferente (circonferenza più grande lungo la quale si muove il centro dell'epiciclo che porta il pianeta) ed epiciclo (piccola circonferenza su cui orbita il pianeta) per spiegare i movimenti apparentemente irregolari dei pianeti, come i moti retrogradi. Tale modello è noto anche come **modello tolemaico** e rappresenta un modello matematico dell'Universo. Secondo Tolomeo la Terra doveva essere effettivamente ferma al centro dell'Universo perché altrimenti si sarebbe dovuto osservare il moto dell'aria.

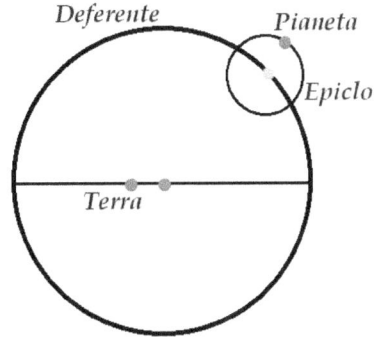

La **Bibbia**, sebbene non offra una descrizione scientifica dell'Universo, ha influenzato indirettamente la concezione geocentrica del cosmo. Ad esempio in Giosuè 10:12-13:

- 12 Il giorno che l'Eterno diede gli Amorei nelle mani dei figli d'Israele, Giosuè parlò all'Eterno e disse in presenza d'Israele: «Sole, fermati su Gabaon, e tu, Luna, sulla valle di Ajalon!».
- 13 Così il Sole si fermò e la Luna si arrestò, finché il popolo si fu vendicato dei suoi nemici. Questo non sta forse scritto nel libro del Giusto? Così il Sole si fermò in mezzo al cielo e non si affrettò a tramontare per quasi un giorno intero.

In Salmi 104:5:

- Egli ha fondato la Terra sulle sue basi: essa non vacillerà mai (o non sarà mai smossa o che giammai non si muoverà, a seconda delle traduzioni).

A tale modello si contrapponeva il **modello eliocentrico** (il Sole al centro dell'Universo con la Terra e gli altri pianeti che orbitano attorno al Sole) proposto da **Aristarco di Samo** ($\simeq$ 310 - 230 a.C.). La teoria eliocentrica di Aristarco non fu ampiamente accettata nel suo tempo in quanto in contrasto con il modello geocentrico del grande Aristotele. Il modello geocentrico dominò la visione del mondo fino alla **rivoluzione copernicana** nel XVI secolo, quando venne gradualmente sostituito dal modello eliocentrico proposto da **Niccolò Copernico** (1473 - 1543). Tale teoria eliocentrica venne rafforzata dalle osservazioni di **Galileo Galilei** (1564 - 1642) e dalle leggi del tedesco **Johannes Kepler** (1571 - 1630), il quale utilizzò i dati dettagliati delle osservazioni dell'astronomo danese **Tycho Brahe** (1546 - 1601) per sviluppare le sue leggi del moto planetario.

9.1 Prima legge di Keplero

L'**ellisse** è una figura piana i cui punti soddisfano la seguente proprietà: la somma delle distanze di ogni suo punto da due punti fissi F_1 e F_2 (detti fuochi) è costante. F_1 e F_2 sono simmetrici rispetto al centro O dell'ellisse:

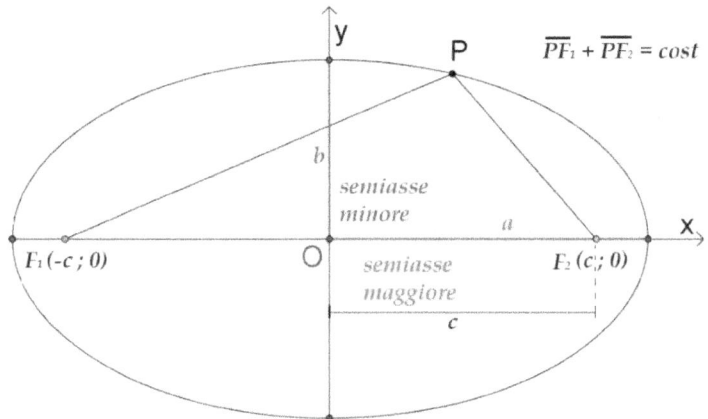

L'**eccentricità e di un'ellisse** è una misura che indica quanto l'ellisse si discosta da essere una circonferenza. Se indichiamo con a il semiasse maggiore, con b il semiasse minore e con c la distanza tra il centro O ed uno dei due fuochi, l'eccentricità è data dal seguente rapporto:

$$e = \frac{c}{a}$$

L'eccentricità è un numero puro ($0 \leq e \leq 1$):

- se $e = 0$ vuol dire che $c = 0$ e cioè $F_1 \equiv F_2 \equiv O$, $a = b = r$ e l'ellisse coinciderebbe con una circonferenza di raggio r e centro O;
- se $e = 1$ vuol dire che $c = a$, $b = 0$ e l'ellisse degenererebbe in un segmento di lunghezza $2a$;
- se $0 < e < 1$ vuol dire che $0 \neq c < a$ ed abbiamo la classica ellisse, rappresentata nella figura precedente, più o meno schiacciata a seconda del valore di e.

La **prima legge di Keplero** afferma:

le orbite dei pianeti attorno al Sole sono ellissi ed il Sole occupa uno dei due fuochi.

Il punto più vicino al Sole si chiama **perielio** (deriva dal greco e significa "vicino al Sole") e quello più lontano **afelio** (deriva dal greco e significa "lontano dal Sole").

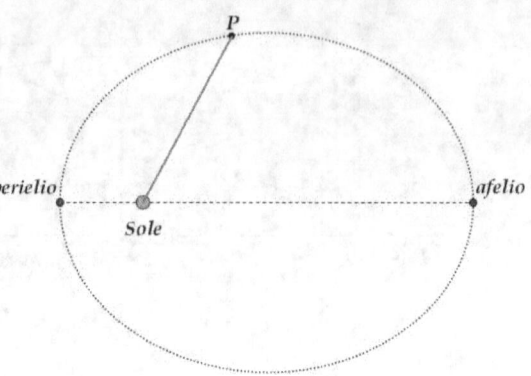

Le eccentricità dei vari pianeti non sono tutte uguali, Mercurio ha l'orbita più eccentrica tra i pianeti principali del sistema solare, Venere e Nettuno hanno le orbite più vicine ad una circonferenza:

- $e_{Mercurio} \simeq 0{,}205$;
- $e_{Venere} \simeq 0{,}007$, $e_{Nettuno} \simeq 0{,}010$;
- $e_{Terra} \simeq 0{,}017$.

9.2 Seconda legge di Keplero

La velocità di percorrenza di un'orbita ellittica non è costante, è massima nel punto più vicino al Sole (perielio) ed è minima nel punto più distante dal Sole (afelio).

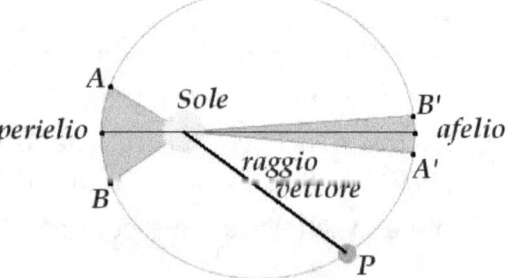

Immaginiamo un segmento che unisce il Sole ad un pianeta P (detto **raggio vettore**), la **seconda legge di Keplero** afferma:

il raggio vettore spazza aree uguali in tempi uguali.

Cioè se considero due intervalli di tempo identici, l'area spazzata dal raggio vettore quando il pianeta P va da A a B è la stessa di quella spazzata quando il pianeta va da A' a B'. Quindi ogni pianeta percorre più rapidamente i tratti di orbita più vicini al Sole rispetto a quelli più distanti.

9.3 Terza legge di Keplero

Il tempo impiegato da un pianeta a percorrere l'intera orbita si chiama **periodo di rivoluzione** T.

La **terza legge di Keplero** afferma:

> **il rapporto fra il quadrato del tempo di rivoluzione T attorno al Sole ed il cubo del semiasse maggiore a è lo stesso per tutti i pianeti**

$$\boxed{\frac{T^2}{a^3} = cost}$$

Tale legge può essere espressa anche in questo modo:

> il quadrato del periodo di rivoluzione di un pianeta è proporzionale al cubo del semiasse maggiore dell'orbita ellittica

$$T^2 = cost \cdot a^3$$

La costante la determineremo dopo aver introdotto la legge di gravitazione universale di Newton (vedi "Satellite geostazionario").

La terza legge di Keplero ci dice che se considero due differenti pianeti che orbitano intorno al Sole e supponiamo $a_1 < a_2$ (cioè $\frac{a_2}{a_1} > 1$), avremo:

$$\frac{T_1^2}{a_1^3} = \frac{T_2^2}{a_2^3} \Longrightarrow T_2 = \sqrt{\frac{a_2^3}{a_1^3}}\, T_1 \Longrightarrow T_2 > T_1$$

Quindi maggiore è il semiasse maggiore dell'orbita ellittica e maggiore è il tempo di rivoluzione T attorno al Sole. Quindi via via che ci si allontana dal Sole, il tempo per compiere una rivoluzione completa diviene sempre più grande.

Osservazione: le leggi di Keplero valgono per qualsiasi sistema di corpi che interagiscono gravitazionalmente.

10 La legge di gravitazione universale ed il peso dei corpi

Nell'antichità si pensava che solo alcuni corpi fossero soggetti alla gravità e cioè quelli terrestri. Si pensava che le stelle, i pianeti, il Sole e la Luna fossero privi di peso e che si muovessero con un naturale moto circolare uniforme. Con Isaac Newton (1643 - 1727), nella sua opera "Philosophiæ Naturalis Principia Mathematica", si arriva ad una legge di gravitazione universale che indica un'unica forza che mantiene i pianeti in orbita attorno al Sole e la Luna attorno alla Terra. I corpi dell'Universo esercitano forze di attrazione reciproche. Maggiori sono le loro masse e più grande è la reciproca forza di attrazione.

Curiosità: Newton divenne responsabile della Zecca di Stato britannica alla fine del '600 in un periodo in cui era molto sentito il problema dei falsari che limavano i bordi delle sterline d'oro provocandone un abbassamento del valore reale della moneta rispetto a quello formale di scambio. Newton introdusse la zigrinatura ai bordi delle monete d'oro e d'argento (fitte linee parallele tra loro, sul contorno della moneta, e perpendicolari alle due facce) per renderne evidente la loro contraffazione. La zigrinatura dei bordi delle monete fu inventata da un incisore francese (Jean Varin) intorno al 1640. Newton, grazie alla sua impostazione metodologica, perfezionò e standardizzò la zigrinatura delle monete nella Zecca di Stato britannica per migliorare la sicurezza e l'integrità delle monete inglesi.

10.1 Legge di gravitazione universale

Le leggi di Keplero descrivono i moti dei pianeti ma non le cause. Secondo Newton il moto di un pianeta è l'effetto di una forza complessiva centripeta che costringe il pianeta a curvare invece che procedere, per inerzia, di moto rettilineo uniforme. L'attuale formulazione della **legge di gravitazione universale** è:

> dati due corpi di massa m_1 e m_2 i cui centri di massa distano r, essi si attraggono reciprocamente con una forza che agisce lungo la congiungente dei centri di massa con un'intensità pari a:

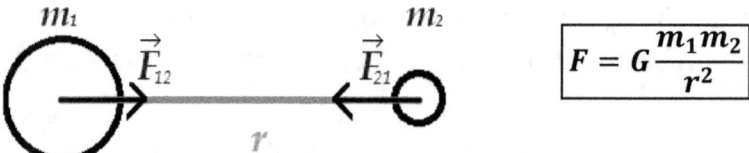

dove la **costante di gravitazione universale** $G = 6,67 \cdot 10^{-11} \frac{Nm^2}{kg^2}$ è stata determinata da Henry Cavendish alla fine del '700 tramite un dispositivo chiamato bilancia di torsione.

Se indichiamo con $\hat{r}$ il vettore unitario $\left(versore \ \frac{\vec{r}}{r}\right)$ che indica la direzione congiungente le due masse, la forza che agisce sulla massa m_2 è:

$$\vec{F} = -G\frac{m_1 m_2}{r^2}\hat{r}$$

Il segno meno indica che si tratta di una forza di attrazione.

Osservazioni:
- per il principio di azione e reazione la forza che attrae m_2 verso m_1 è la stessa che attrae m_1 verso m_2 ($F_{12} = F_{21} = F$);
- F è una forza sempre attrattiva ed è un'interazione a distanza;
- m_1 e m_2 rappresentano la capacità di un corpo di esercitare/subire l'attrazione gravitazionale e perciò prendono il nome di **masse gravitazionali** per distinguerle dal concetto di **massa inerziale** che rappresenta la capacità di un corpo di perseverare nel suo stato di quiete o di moto rettilineo uniforme. La massa gravitazionale e la massa inerziale sono in relazione tra loro. Newton ebbe la seguente intuizione: se una mela cade dall'albero (verso il centro della Terra), è perché la Terra esercita su di essa una forza di attrazione gravitazionale (per il principio di azione e reazione anche la mela esercita un'attrazione verso la Terra). Questa stessa forza di attrazione si estende anche a grandi distanze, come quella tra la Terra e la Luna, mantenendo la Luna in orbita attorno alla Terra. Consideriamo infatti una mela (di massa gravitazionale m_g e massa inerziale m_i) sulla superfice della Terra (di massa gravitazionale M_T e raggio r_T):
    - la legge di gravitazione universale ci dice che:
    $$F = G \frac{M_T m_g}{r_T^2}$$
    - la forza che fa cadere la mela è la forza peso:
    $$P = m_i g$$

Newton intuisce che queste due forze sono uguali:

$$F = P \Longrightarrow G\frac{M_T m_g}{r_T^2} = m_i g \Longrightarrow$$

Perciò l'accelerazione con cui cade la mela è:

$$\Longrightarrow g = G\frac{M_T}{r_T^2}\frac{m_g}{m_i}$$

Questo vuol dire che l'accelerazione con cui cade un oggetto dipende dal rapporto $\frac{m_g}{m_i}$ ma già dai tempi di Galileo si sapeva che, in assenza di attrito dell'aria, tutti i corpi cadono sulla superficie terrestre con la stessa accelerazione (indipendentemente dalla massa). Perciò tale rapporto $\frac{m_g}{m_i}$ deve essere 1 $\left(\frac{m_g}{m_i} = 1\right)$ ed esperimenti sempre più sofisticati confermano che tale rapporto è 1.
Perciò l'accelerazione di gravità è:

$$\boxed{g = G\frac{M_T}{r_T^2}}$$

Sostituendo i valori di tali grandezze:

$$g = 6{,}67 \cdot 10^{-11}\,\frac{Nm^2}{kg^2}\frac{5{,}97 \cdot 10^{24}\text{kg}}{(6{,}37 \cdot 10^6 m)^2} \simeq 9{,}81\,\frac{N}{kg}$$

10.2 Campo gravitazionale

Supponiamo di avere una massa M molto grande nello spazio, se proviamo a mettere una massa di prova m in un punto P ad una distanza r da M, in quel punto P c'è una forza di attrazione che agisce sulla congiungente delle due masse:

$$F = G\frac{M\,m}{r^2}$$

Se nel punto P, invece di mettere una massa m, mettessimo una massa doppia ($2\,m$), otterremo una forza doppia; c'è una proporzionalità diretta con la massa di prova m. La grandezza fisica in P dipende dalla massa di prova m con cui andiamo a testare le caratteristiche di quel punto. È possibile però definire una nuova grandezza fisica che sia indipendente dalla massa di prova m ma che dipenda soltanto dalla massa M e dalla distanza r del punto P. A tale grandezza fisica diamo il nome di **campo gravitazionale**:

$$\vec{g} = \frac{\vec{F}}{m} \qquad \left(\frac{N}{kg} \ o \ \frac{m}{s^2}\right)$$

Potremmo definire il **campo gravitazione** $\vec{g}$ come una forza per unità di massa o meglio è l'accelerazione che viene impressa a qualunque corpo che venga posizionato in un determinato punto P dello spazio ad opera della forza gravitazionale.

Essendo $F = G\frac{M\,m}{r^2}$, il modulo del campo gravitazionale g è:

$$\boxed{g = G\frac{M}{r^2}}$$

La massa M è la **sorgente del campo gravitazionale** ed una volta fissata, ogni punto P dello spazio assume una proprietà fisica che sussiste anche quando in quel punto P non vi è una massa di prova m che subisce una forza.

Per comprendere meglio questo concetto, ipotizziamo di avere uno spazio vuoto (senza alcuna massa) - si pensi ad un lenzuolo tirato agli estremi (di dimensioni infinite). Se in questo spazio vuoto mettessimo una massa M, si pensi ad una palla da bowling sul nostro lenzuolo, esso verrà perturbato (il lenzuolo si incurva); le proprietà di un punto P dello spazio sono cambiate ed esse sono indipendenti dalla presenza o meno in quel punto di una massa di prova m (ad esempio di una pallina da ping pong posizionata in P).

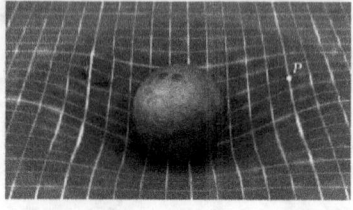

In definitiva possiamo dire che il **campo gravitazionale** $\vec{g}$:
- **è la perturbazione dello spazio ad opera di una massa M**; il suo valore in un punto P dipende soltanto dalla sorgente del campo e dalla distanza r del punto P dal centro di tale sorgente:

$$g = G\frac{M}{r^2}$$

- rappresenta l'accelerazione che viene impressa ad un qualunque corpo posizionato in un determinato punto P dello spazio ad opera della forza gravitazionale;

- può essere rappresentato tramite delle linee di campo dirette verso la sorgente M. In ogni punto il campo $\vec{g}$ è tangente alle linee di campo. Più le linee di campo si infittiscono e più il campo è intenso;

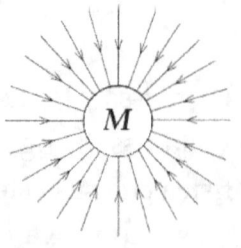

- le linee di campo non si possono intersecare perché il vettore campo gravitazionale $\vec{g}$ è tangente alle linee di campo; se si intersecassero in un punto il campo $\vec{g}$ avrebbe contemporaneamente due direzioni diverse (e ciò non è possibile);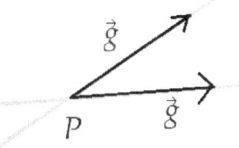

- in prossimità della superficie terrestre $g \simeq 9{,}81 \, \frac{N}{kg}$; si tratta di un valore medio perché la Terra non è una sfera ma è schiacciata ai poli ($g_{poli} \simeq 9{,}83 \, \frac{N}{kg}$, $g_{equatore} \simeq$ $\simeq 9{,}78 \, \frac{N}{kg}$); inoltre, per via della forza centrifuga all'equatore (dovuta alla rotazione terrestre con velocità angolare $\omega \simeq 7{,}292 \cdot 10^{-5} \, \frac{rad}{s}$) si percepisce una piccola riduzione della forza peso di $m\omega^2 r_T$ e quindi una riduzione del campo gravitazionale g di $\omega^2 r_T$.

Curiosità: il concetto di campo venne introdotto dal fisico inglese Michael Faraday (1791-1867) che introdusse l'idea di linee di forza (per descrivere i campi elettrici e magnetici) come entità fisiche reali che permeavano lo spazio.
Il fisico scozzese James Clerk Maxwell (1831-1879) formalizzò il concetto di campo elettrico e magnetico attraverso le sue equazioni di Maxwell arrivando al campo elettromagnetico. Il concetto moderno di campo gravitazionale, come perturbazione dello spazio-tempo, è stato sviluppato da Albert Einstein (1879-1955) con la teoria della relatività generale (1915).

10.3 Bilancia di torsione e valore di G

Introduciamo una nuova grandezza fisica detta **rigidezza torsionale** k (o costante di torsione) che rappresenta la misura della resistenza di un filo o di un materiale a torsioni (rotazioni); essa è definita come il rapporto tra il momento torcente M applicato e l'angolo di torsione ϑ:

$$k = \frac{M}{\vartheta} \qquad \left(\frac{N \cdot m}{rad}\right)$$

La costante di gravitazione universale G fu misurata per la prima volta con accuratezza da Lord Cavendish nel 1798. La misura non era semplice perché si trattava di misurare forze piccolissime.

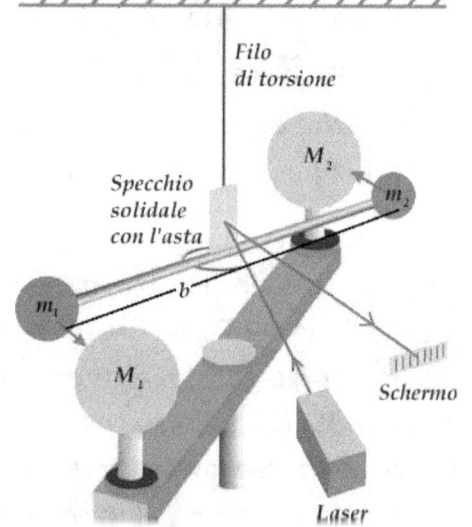

L'apparecchiatura usata da Cavendish era costituita da due masse identiche m_1 e m_2 fissate alle estremità di un'asta leggera, a sua volta sospesa nel centro ad un filo dotato di rigidezza torsionale piccola ma nota. Altre due masse identiche M_1 e M_2 sono poste alle estremità di un braccio rigido in grado di ruotare in modo da poter essere accostate o allontanate dalle masse appese. Quando M_1 e M_2 sono accostate a m_1 e m_2, si ha una rotazione il cui valore è tanto maggiore quanto minore è la rigidezza torsionale del filo di sostegno. L'angolo di rotazione viene letto con la deflessione di un raggio di luce ad opera di uno specchietto fissato in prossimità del centro dell'asta di sostegno. Perciò, essendo nota la costante di torsione k e misurando l'angolo ϑ, possiamo ricavare il momento torcente:

$$k = \frac{M}{\vartheta} \Longrightarrow M = k\,\vartheta$$

Se indichiamo con b la distanza tra le due masse m_1 e m_2:

$$\begin{cases} M = 2F\,\dfrac{b}{2} \\ M = k\,\vartheta \end{cases} \Longrightarrow F = \frac{k\,\vartheta}{b}$$

Essendo $F = G\,\frac{M_1 m_1}{r^2}$, possiamo ricavare G:

$$\frac{k\,\vartheta}{b} = G\,\frac{M_1 m_1}{r^2} \Longrightarrow \boxed{G = \frac{k\,\vartheta\,r^2}{b\,M_1 m_1}}$$

Il valore attuale di G, molto vicino a quello trovato da Cavendish, è:

$$G = 6{,}6743 \cdot 10^{-11}\,\frac{Nm^2}{kg^2}$$

10.4 Misura della massa della Terra

Se la massa m_1 della bilancia di Cavendish fosse libera cadrebbe con accelerazione g perché attratta dalla massa della Terra ed avremmo:

$$g = \frac{F}{m_1}$$

$$F = G\frac{M_T m_1}{r_T^2} \Rightarrow M_T = \frac{\overset{g}{\overbrace{F}}}{m_1}\frac{r_T^2}{G} \Rightarrow \boxed{M_T = g\frac{r_T^2}{G}} \Rightarrow$$

Dalla formula della costante di gravitazione universale possiamo sostituire $G = \frac{k\,\vartheta\,r^2}{b\,M_1 m_1}$ nella formula precedente:

$$\Rightarrow M_T = g\frac{r_T^2 b\,M_1 m_1}{k\,\vartheta\,r^2}$$

Utilizzando i dati della bilancia di Cavendish:

$$k = 6{,}88 \cdot 10^{-6}\frac{Nm}{rad}, \vartheta = 3{,}94 \cdot 10^{-3} rad$$

$$r = 0{,}230\,m, b = 1{,}86\,m$$

$$M_1 = 158\,kg, m_1 = 7{,}30 \cdot 10^{-2}\,kg$$

$$r_T = 6{,}37 \cdot 10^6\,m, g = 9{,}81\frac{N}{kg}$$

$$M_T = 9{,}81\frac{N}{kg}\frac{(6{,}37 \cdot 10^6\,m)^2 \cdot 1{,}86\,m \cdot 158\,kg\,7{,}30 \cdot 10^{-2} kg}{6{,}88 \cdot 10^{-6}\frac{Nm}{rad}\,3{,}94 \cdot 10^{-3} rad\,(0{,}230\,m)^2}$$

$$\boxed{M_T \simeq 5{,}96 \cdot 10^{24} kg}$$

Approssimando la Terra ad una sfera, possiamo ricavare anche la densità della Terra:

$$\rho_T = \frac{M_T}{V} = \frac{M_T}{\frac{4}{3}\pi r_T^3} = \frac{5{,}96 \cdot 10^{24} kg}{\frac{4}{3}\pi (6{,}37 \cdot 10^6\,m)^3} \simeq 5{,}50 \cdot 10^3 \frac{kg}{m^3}$$

Osservazione: nei paragrafi precedenti abbiamo visto che $g = G\frac{M_T}{r_T^2}$ dove M_T e r_T sono la massa ed il raggio della Terra.

In questo paragrafo abbiamo usato il valore di g per trovare la massa della Terra M_T:

$$M_T = g\frac{r_T^2}{G} \Longrightarrow M_T = g\frac{r_T^2 b\, M_1 m_1}{k\,\vartheta\, r^2}$$

Sembrerebbe che per trovare g usiamo M_T e che per trovare M_T usiamo g. Il valore di g in realtà può essere ricavato dal periodo T di un pendolo di lunghezza L:

$$T = 2\pi\sqrt{\frac{L}{g}} \Longrightarrow g = \frac{4\pi^2}{T^2}L$$

11 I satelliti

Newton fa il seguente esperimento mentale: supponiamo di trovarci su una montagna alta con un cannone che possa sparare orizzontalmente. Man mano che aumentiamo la velocità del proiettile, aumenta la sua gittata (il proiettile cade a terra atterrando in punti sempre più lontani dalla zona di lancio). Quindi il punto di caduta è D, poi aumentando

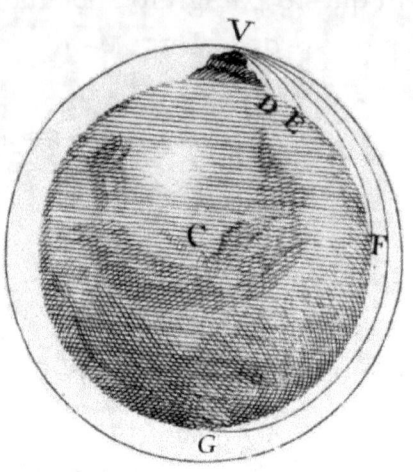

la velocità del proiettile diventa E, poi F e poi G. Aumentando ancora di più la velocità, ad un certo punto il proiettile, pur continuando a cadere sulla Terra, non la toccherà mai e continuerà a girare in un'orbita circolare intorno ad essa. Il proiettile, se lanciato con la giusta velocità, diventa un satellite della Terra (cioè cade continuamente senza mai toccare terra). È quello che accade alla Luna e si dice:

la Luna è in continua caduta libera sulla Terra.

11.1 Velocità orbitale di un satellite

Supponiamo di avere un satellite di massa m che ruota intorno alla Terra di moto circolare uniforme su una traiettoria circolare di raggio r. Se il satellite ruota è perché è soggetto ad una forza centripeta di modulo:

$$F_c = m\,\vec{a}_c \Rightarrow F_c = m\frac{v^2}{r}$$

Tale forza centripeta è dovuta all'attrazione gravitazionale della Terra di modulo:

$$F = G\frac{M_T m}{r^2}$$

Poiché $F_c = F$: $m\dfrac{v^2}{r} = G\dfrac{M_T m}{r^2}$

Perciò la **velocità orbitale di un satellite terrestre** è:

$$\boxed{v = \sqrt{G\frac{M_T}{r}}}$$

Per mettere in orbita un satellite bisogna lanciarlo in modo tale che quando raggiunge una distanza r, dal centro della Terra, abbia una velocità tangenziale pari alla velocità orbitale. La velocità orbitale vale non solo per la Terra ma per un qualunque corpo celeste (basta sostituire la massa della terra M_T con quella del corpo celeste). Una volta che il satellite (o la Stazione Spaziale) ha raggiunto la distanza desiderata con la corrispondente velocità orbitale, si spengono i motori ed esso sarà in continua caduta libera. Perciò un eventuale astronauta nella Stazione Spaziale è come se si trovasse in assenza di gravità. La situazione è analoga a ciò che accadrebbe ad una persona in un ascensore in caduta libera. È per questo che gli astronauti fluttuano in una stazione spaziale in orbita intorno alla Terra (la forza di attrazione gravitazionale è sempre presente).

11.2 Peso apparente

Consideriamo una persona all'interno di un ascensore fermo e posto sopra una bilancia. In questo caso la forza peso $\vec{P}$ sarà uguale e contraria alla reazione vincolare $\vec{R}$. Noi spingiamo sulla bilancia tramite i  nostri piedi con la forza peso e, per il terzo principio della dinamica, la bilancia spingerà con una forza $\vec{R}$ uguale e contraria. Tale forza $\vec{R}$ è quella che percepiamo sotto i nostri piedi ed è ciò che indica la bilancia ($R = mg$).

Se l'ascensore accelerasse verso l'alto perché spinto da una forza $\vec{F} = m\vec{a}$ verso l'alto, tale forza si andrebbe a sommare alla reazione vincolare $\vec{R}$ ($\vec{F}$ e $\vec{R}$ sarebbero concordi). Sotto i nostri piedi sentiremmo complessivamente $mg + ma$ e la bilancia segnerà un peso apparente maggiore.

Se l'ascensore accelerasse verso il basso (con accelerazione $a < g$) perché spinto da una forza $\vec{F} = m\vec{a}$ verso il basso, tale forza si andrebbe a sottrarre alla reazione vincolare $\vec{R}$ ($\vec{F}$ e $\vec{R}$ sarebbero discordi). Sotto i nostri piedi sentiremmo complessivamente $mg - ma$ e la bilancia segnerà un peso apparente minore.

Se l'ascensore accelerasse verso il basso con accelerazione $a = g$ (è il caso della caduta libera) la bilancia cadrebbe verso il basso contemporaneamente a noi, quindi i nostri piedi non riuscirebbero a spingere sulla bilancia ed il nostro peso apparente sarebbe nullo. La persona fluttuerebbe come in assenza di gravità, in realtà l'attrazione gravitazionale c'è ma si è semplicemente in caduta libera.

11.3 Satellite geostazionario

Un **satellite** è detto **geostazionario** quando appare fermo rispetto alla superficie terrestre. Affinché ciò sia possibile, i satelliti geostazionari devono percorrere un'orbita completa nello stesso tempo impiegato dalla Terra a ruotare attorno al proprio asse, cioè il periodo orbitale T del satellite deve essere di circa 24 ore ($T = 23\ h\ 56'\ 4''$). Alcuni esempi di satelliti geostazionari sono:
- di comunicazione;
- meteorologici: GOES (Geostationary Operational Environmental Satellites) utilizzati dagli Stati Uniti, Meteosat utilizzati dall'Europa, Himawari utilizzati dal Giappone;
- di trasmissione;
- per la sicurezza e la difesa: WGS (Wideband Global SATCOM) utilizzati dal Dipartimento della Difesa degli Stati Uniti per comunicazioni militari.

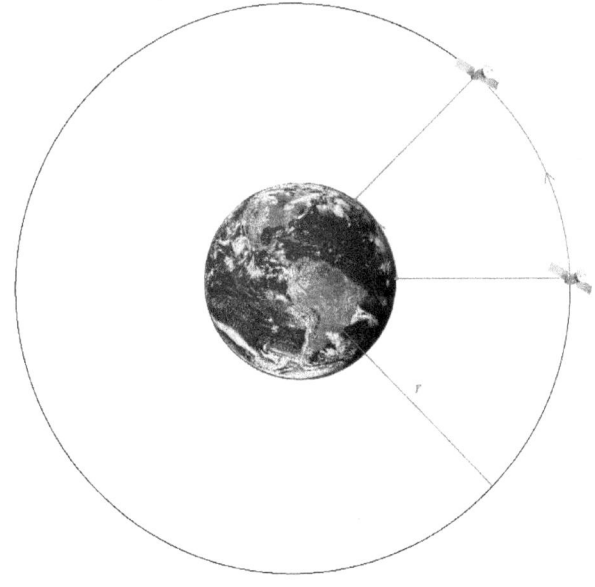

La loro posizione geostazionaria consente di fornire una copertura continua e stabile per aree specifiche della Terra, rendendoli strumenti preziosi per le comunicazioni e il monitoraggio globale.

Se indichiamo con r il raggio dell'orbita geostazionaria e con T il periodo orbitale:

$$v = \frac{\Delta s}{\Delta t} \Rightarrow v = \frac{2\pi r}{T}$$

Poiché la velocità orbitale di un satellite terrestre deve essere:

$$v = \sqrt{G \frac{M_T}{r}}$$

$$\frac{2\pi r}{T} = \sqrt{G \frac{M_T}{r}}$$

Elevando ambo i membri al quadrato:

$$\frac{4\pi^2 r^2}{T^2} = G \frac{M_T}{r} \Rightarrow \boxed{\frac{T^2}{r^3} = \frac{4\pi^2}{GM_T}}$$

Quest'ultima rappresenta la terza legge di Keplero. Da tale relazione è possibile ricavare il **raggio dell'orbita geostazionaria**:

$$r = \sqrt[3]{\frac{GM_T T^2}{4\pi^2}}$$

Considerando che $T = 23h\ 56'\ 4'' = 86164\ s$,

$$r = \sqrt[3]{\frac{6{,}7 \cdot 10^{-11} \cdot 6{,}0 \cdot 10^{24} \cdot 86164^2}{4\pi^2}} \simeq 4{,}2 \cdot 10^7 m$$

12 Energia potenziale gravitazionale

Consideriamo un oggetto di massa m in prossimità della superficie terreste nel punto A (ad una certa altezza h_i dalla superficie terrestre). Calcoliamo il lavoro fatto dalla forza peso $\vec{P}$ per portare questa massa nel punto D (ad un'altezza h_f).

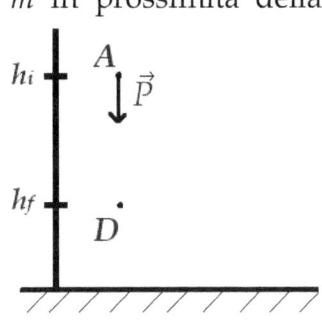

$$L = \vec{F} \cdot \vec{S} = \vec{P} \cdot \vec{S}_{AD} \Rightarrow$$

Poiché la forza peso e lo spostamento sono paralleli:
$$\Rightarrow L = \overbrace{\vec{P}}^{mg} \overbrace{\vec{S}_{AD}}^{h_i - h_f} = mgh_i - mgh_f$$

Se cambiamo percorso ed andiamo in D passando prima per B e per C, il lavoro diventa:

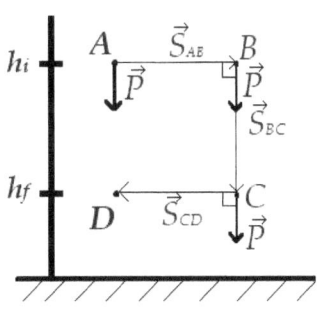

$$L = L_{AB} + L_{BC} + L_{CD} =$$
$$= \vec{P} \cdot \vec{S}_{AB} + \vec{P} \cdot \vec{S}_{BC} + \vec{P} \cdot \vec{S}_{CD} \Rightarrow$$

Osserviamo che:
- $\vec{P} \perp \vec{S}_{AB} \Rightarrow \vec{P} \cdot \vec{S}_{AB} = 0$;
- $\vec{P} \perp \vec{S}_{CD} \Rightarrow \vec{P} \cdot \vec{S}_{CD} = 0$

$$\Rightarrow L = \vec{P} \cdot \vec{S}_{BC} \Rightarrow$$

Poiché $\vec{S}_{BC} = \vec{S}_{AB}$:
$$\Rightarrow L = mg(h_i - h_f) \Rightarrow L = mgh_i - mgh_f$$

Quindi anche cambiando percorso abbiamo lo stesso lavoro.

Si può dimostrare che questo risultato vale anche per qualunque altro percorso. Poiché il lavoro della forza peso è indipendente dal percorso ma dipende soltanto dalla posizione iniziale e finale, possiamo introdurre una nuova grandezza fisica che dipende soltanto dalla posizione iniziale e finale. Tale grandezza fisica prende il nome di **energia potenziale gravitazionale**:

$$\boxed{U = mgh}$$

Perciò il lavoro fatto dalla forza peso è:

$$L = mgh_i - mgh_f = U_i - U_f \implies \boxed{L = -\Delta U}$$

Nel caso particolare di un corpo di massa m che si trova ad un'altezza h dal suolo ($h_i = h$ e $h_f = 0\ m$), il lavoro fatto dalla forza peso per portare a terra il corpo è:

$$L = U_i - U_f = mgh - 0 \implies \boxed{L = mgh}$$

Quindi $L = mgh$ rappresenta il lavoro della forza peso P per portare un corpo da un'altezza h ad un'altezza nulla (a terra).

Consideriamo ora un corpo di massa m che si trova ad una distanza r_i dal centro della Terra (vedi fig. successiva); per via della forza di attrazione gravitazionale, essa si sposta ad una distanza r_f.
Calcoliamo il lavoro svolto dalla forza di attrazione gravitazionale:

$$L = \vec{F} \cdot \vec{s} = Fs = F(r_i - r_f)$$

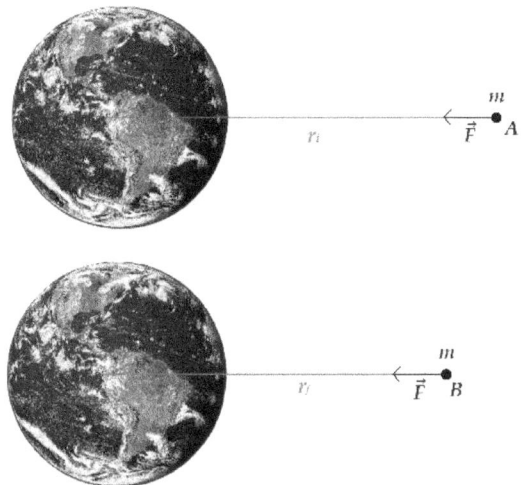

Poiché $F = G\frac{m_T\, m}{r^2}$:

$$L = G\frac{m_T\, m}{r^2}(r_i - r_f)$$

Per non avere una grandezza variabile r (da r_i a r_f), facciamo la seguente approssimazione: $r^2 \simeq r_i r_f$.

$$L = G\frac{m_T\, m}{r_i r_f}(r_i - r_f) = G m_T\, m \frac{r_i - r_f}{r_i r_f} = G m_T\, m \left(\frac{1}{r_f} - \frac{1}{r_i}\right)$$

$$L = -\frac{G m_T\, m}{r_i} - \left(-\frac{G m_T\, m}{r_f}\right)$$

Anche in questo caso si può dimostrare che tale lavoro dipende soltanto dalla posizione iniziale A, dalla posizione finale B ed è indipendente dal percorso. Possiamo perciò introdurre una funzione che dipende soltanto dalla posizione, nota come **energia potenziale gravitazionale**:

$$\boxed{U(r) = -\frac{Gm_T\, m}{r}}$$

In realtà la formula esatta la si determina mediante il calcolo integrale per cui si trova $U(r) = -\frac{Gm_T m}{r} + c$. Per distanze infinite $(r \to +\infty)$ il primo termine tende a zero. Per convenzione si pone l'energia potenziale gravitazionale all'infinito pari a zero ($U(r \to +\infty) = 0$) e quindi:

$$U(r \to +\infty) = 0 + c = 0 \Rightarrow c = 0$$

Perciò l'energia potenziale è $U(r) = -\frac{Gm_T m}{r}$.

Il lavoro per portare una massa dalla posizione inziale r_i alla posizione r_f è dato da:

$$L = -\frac{Gm_T m}{r_i} - \left(-\frac{Gm_T m}{r_f}\right) \Rightarrow L = U_i - U_f \Rightarrow \boxed{L = -\Delta U}$$

Osservazioni:
- per masse vicine alla superficie terrestre, cioè per altezze molto minori del raggio terrestre ($h \ll R_T$), possiamo considerare la forza peso $\vec{P}$ costante ed utilizzare, perché è più semplice, la seguente formula dell'energia potenziale: $U = mgh$;
- la formula $U(r) = -\frac{Gm_T m}{r}$ vale in generale.

Abbiamo visto che, utilizzando la formula $U = mgh$, il lavoro per portare a terra un corpo di massa m è $L = mgh$. Facciamo vedere che per $h \ll R_T$, utilizzando la formula $U(r) = -\frac{Gm_T m}{r}$ si arriva allo stesso risultato ($r_i = R_T + h, r_f = R_T$):

$$L = -\frac{Gm_T m}{r_i} - \left(-\frac{Gm_T m}{r_f}\right) = -\frac{Gm_T m}{R_T + h} + \frac{Gm_T m}{R_T} \Rightarrow$$

$$\Rightarrow L = Gm_T m \frac{-R_T + R_T + h}{(R_T + h)R_T} = \frac{Gm_T m h}{(R_T + h)R_T} \Rightarrow$$

Poiché $h \ll R_T$ ($R_T + h \simeq R_T$): $L = \frac{Gm_T}{R_T^2} m h$

Abbiamo visto, nel paragrafo "Campo gravitazionale", che $g = G\frac{m_T}{R_T^2}$, allora: $L = \overbrace{\frac{Gm_T}{R_T^2}}^{g} m h \Rightarrow L = mgh$.

Quindi in prossimità della superficie terrestre ($h \ll R_T$) le due formule si equivalgono.

13 Velocità di fuga e buchi neri

Supponiamo di lanciare verticalmente un sasso con una velocità v, per via dell'attrazione della Terra il sasso raggiungerà una certa altezza h e poi tornerà sulla superficie terrestre. Aumentando la velocità di lancio verticale, il sasso raggiungerà un'altezza maggiore. Ci chiediamo, quale deve essere la velocità minima per fuggire da un determinato pianeta?

*Si definisce **velocità di fuga** v_f la minima velocità per allontanarsi indefinitamente dalla superficie del pianeta (cioè giungere ad una distanza infinita con velocità finale nulla).*

Sulla superficie di un pianeta di massa m_p e raggio r_p, una massa m che vuole fuggire con velocità v_f ha un'energia complessiva data dalla somma di energia cinetica ed energia potenziale gravitazionale:

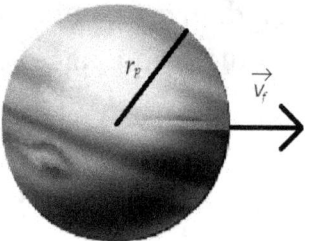

$$E_i = K_i + U_i = \frac{1}{2}mv_f^2 - G\frac{m_p m}{r_p}$$

Quando si troverà ad una distanza infinita ($r \to +\infty$) con velocità nulla ($v = 0$) l'energia totale finale sarà nulla:

$$E_f = K_f + U_f = \frac{1}{2}m \underbrace{v^2}_{v=0} - G\underbrace{\frac{m_p m}{r}}_{r \to +\infty} = 0 - 0 = 0\, J$$

Per il principio di conservazione dell'energia:

$$E_i = E_f \Rightarrow \frac{1}{2}mv_f^2 - G\frac{m_p m}{r_p} = 0 \Rightarrow v_f^2 = 2G\frac{m_p}{r_p} \Rightarrow$$

$$\Rightarrow \boxed{v_f = \sqrt{2G\frac{m_p}{r_p}}}$$

Poiché la velocità massima raggiungibile è la velocità della luce c (il limite della velocità della luce deriva dalla teoria della relatività di Einstein), se la velocità di fuga dovesse essere maggiore di quella della luce, nulla potrebbe fuggire (nemmeno la luce) e quindi avremmo un **buco nero**. Dalla relazione precedente, quando la velocità di fuga coincide con la velocità della luce, possiamo ricavare il raggio che è detto **raggio di Schwarzshild** r_S:

$$c = \sqrt{2G\frac{m_p}{r_S}} \Rightarrow c^2 = 2G\frac{m_p}{r_S} \Rightarrow \boxed{r_S = 2G\frac{m_p}{c^2}}$$

Nel caso della Terra ($m_p = 5,97 \cdot 10^{24}\ kg$), il raggio di Schwarzshild è:
$$r_S = 2 \cdot 6,7 \cdot 10^{-11} \frac{5,97 \cdot 10^{24}}{(3 \cdot 10^8)^2} \simeq 8,9 \cdot 10^{-3} m \simeq 9\ mm$$

Cioè se tutta la massa della Terra fosse concentrata in una sfera di raggio circa 9 mm, la Terra sarebbe un buco nero.
Per il Sole il raggio di Schwarzshild è di circa 3 km.

Curiosità: Karl Schwarzschild è stato un fisico e astronomo tedesco nato il 9 ottobre 1873 (in Germania), studiò presso l'Università di Strasburgo e poi presso l'Università Ludwig Maximilian di Monaco di Baviera, dove ottenne il dottorato a soli 23 anni. Lavorò presso l'Osservatorio di Kuffner vicino a Vienna, nel 1901, divenne direttore dell'Osservatorio di Gottinga e, nel 1909, fu nominato direttore dell'Osservatorio di Potsdam. Il suo contributo più celebre fu la soluzione delle equazioni di campo di Einstein per una massa puntiforme e sfericamente simmetrica. Questa soluzione, trovata nel 1915 e pubblicata nel 1916, portò alla definizione del "raggio di Schwarzschild". Durante la Prima Guerra Mondiale, si arruolò volontariamente nell'esercito tedesco; mentre era al fronte, sviluppò una malattia autoimmune rara e debilitante, il pemfigo (causa la formazione di bolle e vesciche sulla pelle e sulle mucose). Le sue condizioni peggiorarono rapidamente, e morì l'11 maggio 1916, all'età di 42 anni.

SINTESI: gravitazione universale

Prima legge di Keplero: le orbite dei pianeti attorno al Sole sono ellissi ed il Sole occupa uno dei due fuochi.

Seconda legge di Keplero: il raggio vettore spazza aree uguali in tempi uguali.

Terza legge di Keplero: il rapporto fra il quadrato del tempo di rivoluzione T attorno al Sole ed il cubo del semiasse maggiore a è lo stesso per tutti i pianeti $\frac{T^2}{a^3} = cost$.

Legge di gravitazione universale: dati due corpi di massa m_1 e m_2 i cui centri di massa distano r, essi si attraggono reciprocamente con una forza che agisce lungo la congiungente dei centri di massa con un'intensità pari a $F = G\frac{m_1 m_2}{r^2}$.

Campo gravitazione $\vec{g}$: forza gravitazionale per unità di massa, è l'accelerazione che viene impressa a qualunque corpo che venga posizionato in un determinato punto P dello spazio ad opera della forza gravitazionale $g = G\frac{M}{r^2}$; è la perturbazione dello spazio ad opera di una massa M che è la sorgente del campo gravitazionale.

La **velocità orbitale di un satellite terrestre** è la velocità con cui bisogna lanciarlo in modo tale che quando raggiunge una distanza r, dal centro della Terra, abbia una velocità tangenziale pari: $v = \sqrt{G\frac{M_T}{r}}$.

La reazione vincolare, che determina il **peso apparente**, su una bilancia in un ascensore che accelera è $R = mg \pm ma$ dove il segno + si ha quando l'accelerazione dell'ascensore $\vec{a}$ è discorde con $\vec{g}$, il segno − si ha quando l'accelerazione $\vec{a}$ è concorde con $\vec{g}$.

Un **satellite** è detto **geostazionario** quando appare fermo rispetto alla superficie terrestre.

Il **raggio dell'orbita geostazionaria** è $r = \sqrt[3]{\frac{GM_T T^2}{4\pi^2}}$.

L'**energia potenziale gravitazionale**, in prossimità della superficie terrestre, è $U = mgh$. Il lavoro fatto dalla forza peso è $L = -\Delta U$.

In generale l'energia potenziale gravitazionale è definita da $U(r) = -\frac{GM_T m}{r}$. Il lavoro fatto dalla forza di attrazione gravitazionale per portare una massa dalla posizione inziale r_i alla posizione r_f è dato da $L = -\Delta U$.

La **velocità di fuga** **v**$_f$ è la minima velocità per allontanarsi indefinitamente dalla superficie del pianeta (cioè giungere ad una distanza infinita con velocità finale nulla): $v_f = \sqrt{2G\frac{m_p}{r_p}}$.

Se la velocità di fuga dovesse essere maggiore di quella della luce avremmo un **buco nero**. Se la velocità di fuga coincide con la velocità della luce, possiamo ricavare il raggio che è detto **raggio di Schwarzshild** r_s: $r_s = 2G\frac{m_p}{c^2}$.

A

accelerazione angolare istantanea ... 50
accelerazione angolare media 50
accelerazione centripeta 53
afelio 96
Albert Einstein 105
Aristarco di Samo 94
Aristotele 92

B

bilancia di torsione 106
buco nero 121

C

campo gravitazionale 103; 104
Cavendish 106
centro di massa 41
Christiaan Huygens 55
Claudio Tolomeo 93
condizione di rotolamento................ 56
controsterzo 77
corpo rigido 49
costante di gravitazione universale 100

D

dinamica rotazionale 59

E

eccentricità e di un'ellisse 95
ellisse 94
energia cinetica rotazionale 80
energia potenziale gravitazionale .. 115
Eudosso di Cnido 92

F

forza esterna 14
forza impulsiva 8
forza interna 14
frequenza f 51

G

Galileo 55
Galileo Galilei 94
giroscopio 74

I

impulso 8
Isaac Newton 99

J

James Clerk Maxwell 105
Johannes Kepler 94

L

legge di gravitazione universale.... 100

M

massa 1
massa della Terra............................. 107
massa inerziale............................. 6; 101
masse gravitazionali 101
metodo del cacciavite........................ 62
metodo del palmo della mano destra
.... 62
metodo delle tre dita 62
Michael Faraday 105
modello eliocentrico 94
modello geocentrico 93
modello tolemaico 93
momento angolare L 68
momento d'inerzia I......................... 63
momento di una forza 59
momento torcente 59
moto circolare 47; 49
moto di rotazione 57
moto di rotolamento 56; 57
moto di traslazione............................ 57
moto rotatorio 49
moto rototraslatorio 57

moto traslatorio 49

N

Newton 55
Niccolò Copernico 94

P

pendolo di Newton 30
perielio 96
periodo di rivoluzione T 97
periodo T 50
peso apparente 112
precessione 73; 75
prima legge di Keplero 95
principio di conservazione del
momento angolare 71
principio di conservazione della
quantità di moto 15

Q

quantità di moto 4

R

radianti 47
raggio dell'orbita geostazionaria ... 114
raggio di Schwarzshild 121
raggio vettore 96
regola della mano destra 61
rigidezza torsionale k 106
rivoluzione copernicana 94

S

satellite geostazionario 113
satelliti 110
Schwarzschild 121
seconda legge della dinamica
rotazionale 64
seconda legge di Keplero 96

sistema a massa variabile 19
sistema isolato 15
sorgente del campo gravitazionale 103
spostamento angolare 49

T

teorema dell'impulso 8; 69
teorema dell'impulso angolare 70
teoria geocentrica 92
terza legge di Keplero 97; 114
trottola 72
Tycho Brahe 94

U

urto 24
    bersaglio massiccio 32
    proiettile e bersaglio con la
    stessa massa 27
    proiettile massiccio 31
urto anelastico 25
urto completamente anelastico 25
    pendolo balistico 35
urto elastico 25
    fionda gravitazionale 33
urto elastico in due dimensioni 39
urto elastico unidimensionale 25
urto obliquo 38

V

velocità angolare 51
velocità angolare istantanea 50
velocità angolare media 50
velocità di fuga 120
velocità di rinculo 23
velocità istantanea 2
velocità media 1
velocità orbitale di un satellite
terrestre 111

www.ingramcontent.com/pod-product-compliance
Lightning Source LLC
Chambersburg PA
CBHW071832210526
45479CB00001B/101